U0807819

绿色化学与化工丛书

绿色化学原理和应用

胡常伟　李贤均　编著

中国石化出版社

内 容 提 要

本书以产品的绿色化、原料的绿色化、过程的绿色化为主线，系统地介绍了绿色化学的基本原理和方法，并结合实际，重点地介绍了绿色化学应用实例。本书有较强的科学性、系统性和知识性，融入了该领域国内外的最新研究成果。

本书可供化学、化工、生命、环境、材料及有关专业的科研、管理、生产人员阅读参考，亦可作为上述专业研究生和本科生的教材或教学参考书。

图书在版编目(CIP)数据

绿色化学原理和应用 / 胡常伟,李贤均编著 .
—北京:中国石化出版社,2002(2025. 1 重印)
(绿色化学与化工丛书)
ISBN 978-7-80164-193-9

Ⅰ.绿… Ⅱ.①胡… ②李… Ⅲ. 化学工业-无污染技术 Ⅳ.X78

中国版本图书馆 CIP 数据核字(2002)第 008652 号

中国石化出版社出版发行

地址:北京市东城区安定门外大街 58 号
邮编:100011 电话:(010)57512500
发行部电话:(010)57512575
http://www. sinopec-press. com
E-mail:press@ sinopec. com
北京艾普海德印刷有限公司印刷
全国各地新华书店经销

*

787×1092 毫米 16 开本 9. 25 印张 205 千字
2025 年 1 月第 1 版第 19 次印刷
定价:25. 00 元

总　　序

《绿色化学与化工丛书》出版了！

《绿色化学原理和应用》(胡常伟、李贤均编著)作为该丛书的第一册，它阐述了绿色化学的原则与内容：绿色化学是从源头根治环境污染的化学，即采用原子经济反应，使原料中的每一个原子都全部进入产品中，不再产生废物，从而实现废物“零排放”；不使用有毒有害的原料、催化剂、溶剂等，同时生产环境友好的产品，从而使环境保护走上一条新的途径，不再是先污染后治理。这本书作为对绿色化学的入门，了解其全貌，将是一本值得一读之作。

绿色化学与化工兴起始于20世纪90年代初，由于各国政府、企业、学术界的支持、合作及努力，进展十分迅速，已出现一批生产大宗有机化工产品的绿色化工技术，并且还在进一步改进。作为单位产品排污量大的医药、农药等精细化工产品的生产，已陆续采用了一批原子经济反应，大幅度降低了排污量。有机溶剂的挥发污染空气，超临界二氧化碳无毒无害，已在涂料、油漆、塑料发泡中应用。关于产品的设计，已不再只重视其功能，还要同时考虑其对人类和环境的危害，在这种原则指导下，已有一批新型杀菌剂、杀虫剂、生物防垢剂等产品出现。废弃物的重复利用是根治环境污染、节约资源的一条重要途径，废弃塑料、纤维、橡胶等合成材料已开发有“闭路循环”回收单体原料的技术。以植物为主的生物质资源是一个可再生的巨大资源宝库，利用可再生生物质资源已成为以消除污染、实现可持续发展为目标的绿色化学与化工的重要研究内容；除制造药物、特殊化学品、生物试剂外，近年在大宗化工产品的生产方面已有突破，生物质资源已开始大规模使用。

目前，世界各国对绿色化学与化工技术的研究开发十分重视，发展特别迅速。近年来，在我国政府的积极倡导和大力支持下，有关企业、科研院所和高等院校结合，在这一领域相继开展了一些重大的基础和应用基础及实用技术研究，取得了一批具有工业应用价值和应用前景的成果。

中国石化出版社为配合我国绿色化学与化工技术的研究开发，将继续组织出版相关的著作，以不断丰富本丛书的内容，为广大读者提供更多的高水平的专著。这是一件十分有益的事情。无疑，这将促进我国绿色化学与化工的发展。我也相信，《绿色化学与化工丛书》的出版一定会得到国内广大绿色化学与化工工作者的热情欢迎和大力支持。

闵恩泽

前　言

绿色化学是适应可持续发展的需要而诞生的一门新兴交叉学科。它吸收了当代物理、生物、材料、信息等学科的最新理论和技术，具有明确的科学目标和社会需要。

从资源和环境的观点看，绿色化学为我们提供有效的合理利用自然资源的原理和方法，从化学反应源头上消除污染，而不是治理污染的原理和方法。

从经济的观点看，绿色化学为我们提供充分利用资源和能源，降低生产成本，符合经济可持续发展的原理和方法。

从科学的观点看，绿色化学是传统化学基础内容的革新，除要求设计对环境友好，经济可行的绿色产品外，同时需要符合化学反应的原子经济性。

绿色化学已经成为当前化学研究的前沿，是21世纪化学发展的重要方向之一。本书以产品的绿色化、原料的绿色化、过程的绿色化为主线，介绍了绿色化学的基本原理和实际应用，第一章至第五章由胡常伟教授撰写，第六、七两章由李贤均教授撰写。

由于绿色化学是一门新兴的交叉学科，涉及的知识面广，而我们的知识和经验又很有限，书中难免存在不少的疏漏和错误之处，敬请广大读者批评指正。

胡常伟　李贤均

目　　录

第一章　绪　论

第二章　绿色化学

第三章　设计安全无毒化学品的基本原理的方法

第四章 设计更加安全化学品的应用

第五章 绿色化学方法

第六章　绿色化学的应用

第七章　绿色化学发展趋势

第一章　绪　论

化学作为一门“核心、实用、创造性”的科学，从其诞生至今，已经取得了巨大的成就。化学的原理和方法以及化学反应方面的研究目前仍在主导其他学科；它在开发天然资源以满足人类的生活需要方面作出了巨大的贡献。基于化学的产业，利用天然资源制取大量的化肥、农药、农膜、塑料、钢铁、水泥等产品和材料，并生产大量的合成纤维和橡胶等以弥补农业、林业的不足；能源的开发利用，新材料的开发利用，医药卫生等均离不开化学。可以说，人类的衣、食、住、行、用以及保持健康等无一项可以离开化学，化学在这些领域中直接或间接地发挥着不可替代的作用[1~3]。但是，随着人类社会的发展，我们发现，整个人类社会正面临着严峻的挑战[4~6]。

第一节　环境问题

人类在向大自然不断索取以满足自身需要的同时，也造成了严重的环境污染[6~12]。

一、全球气候变暖

全球气候变暖是大气中温室气体浓度升高引起的。这些温室气体又是人类在寻找食物、生活用品及供热取暖等满足基本生活要求的过程中，以及工业生产活动过程中排放到大气中的。尤其是工业革命以来，由于人类学会了转变和使用各种不同的能源，使得这种排放不断加剧。温室气体主要有二氧化碳、氮氧化物、卤代烃类等。据估计，如果按照现在各国二氧化碳排放量增加的速度继续排放，21世纪中叶地球表面的平均温度将升高1.4~1.5℃，两极冰雪将会加速融化，海平面将上升0.25~0.65m。由于海平面的上升，势必使风暴潮灾害加剧、洪涝威胁增大，导致海水倒流内侵、海岸内缩，这不仅会增大排污的难度，而且使现有的江海堤防工程不能满足需要，因而减灾能力不断降低。大洋中的一些岛屿、大陆沿海的低洼地就会被海水淹没。同时，气候变化还会对农业、林业、水资源、生态环境和人类的生活、健康等，造成广泛、长远而深刻的影响。

二、核冬天的威胁

目前，在北极地区已经观察到烟尘和其他气溶胶的大透镜作用。从核爆炸时发生对大气影响的不确知程度来看，大气中烟尘对地球的影响可能会更大。1815年，坦博拉火山爆发时，曾向空气中喷射了近$1000\times10^8m^3$的烟尘，并且飘浮了近2年的时间，当时在欧洲确实也出现了寒冷的夏天。1982年，有人提出了有限的核战争所产生的烟尘会导致地球冷却的假设，这个概念被称为“核冬天”。计算机模拟研究表明，若有50×10^8t当量的核弹头在交锋时爆炸，则在其后的20d内，天空将会比阴霾密布还要黑暗些；在爆炸后的100d内，北半球的温度将处于冰点以下。即使是有限的局部核战争，预计也会引起大量的烟尘产生，并喷射到大气中，使得地球冷却，农作物在冬天会被冻死。关于气溶胶在大气中的停留时间以及烟尘对辐射平衡的影响目前还不清楚。

三、臭氧层破坏

距地球表面15~50km的大气平流层集中了地球表面上90%的臭氧气体，尽管其浓度很低(从未超过10×10^{-6})，但它却吸收了太阳光中对生物生长有害的、波长在295~320nm的紫外线，在太阳与地球之间形成了一道天然的屏障；正是有了这道屏障，地球上的人类与其他生物才得以正常生存与繁衍。然而，由于工业的发展和人类生活方式、生活条件的改变，人类大量使用空调制冷剂、泡沫灭火剂、气雾剂、发胶、蓬松剂等化学性质稳定的氟氯烃、溴氟氯烃等化合物，这类化合物虽然在地表面时性质稳定，不易燃烧，易于贮存，对人和其他生物也没有毒性，但当它们上升到平流层中后，在强烈的紫外线作用下，会由光激发而生成氯原子自由基等化学性质十分活泼的物种，这些物种会与大气平流层中的臭氧发生化学反应，使臭氧分解从而降低其在平流层中的浓度，使臭氧层遭到破坏。另一方面，汽车尾气、火力发电厂的烟气等中所含的NO_x类化合物进入平流层后，会加速臭氧的分解反应，从而破坏臭氧层。由于人类向大气中排放的能破坏的物质增加很快，因而臭氧层的破坏已日趋严重。目前在南极上空已形成了近万平方公里的“臭氧空洞”。

臭氧层遭到破坏后，太阳光中的紫外线长驱直入，使地球上人体的免疫力下降，皮肤癌患者和白内障患者增多。据不完全统计，仅美国的皮肤癌患者目前就达50万人之多，且每年死亡5000人；澳大利亚因距南极较近，人口仅1700万的该国每年死于皮肤癌的人数就与美国相当，达5000人。如果臭氧层的臭氧再消耗10%，美国的皮肤癌患者将增加到150万。此外，由于太阳光照射到地球上的紫外线的增加，植物中豆类、瓜类、芥菜、西红柿等农作物的产量和品质都会下降，从而对人类的生活带来极大的影响。

四、光化学烟雾和大气污染

大气圈从古到今一直被作为排放大量废弃物质的大容器。大量的碳氢化合物、碳氧化合物、硫氧化合物、氮氧化合物、粉尘类物质等不停地排向大气圈，直接污染大气并危及人类的生命。同时，这些物质达到对流层后，在太阳光的紫外线照射下会发生一系列化学反应，大气对流层变成了一个大的光化学反应容器。光化学烟雾主要就是氮氧化合物与烃类物质在紫外线照射下，经过一系列复杂反应后形成的一种大气污染现象。光化学烟雾的组成十分复杂，其中不仅含有从污染源直接排放的一次污染物，而且包含有更重要的二次污染物，诸如臭氧(注意:臭氧在臭氧层是对人类起保护作用的,但在地表附近就成了污染物)、醛类和过氧乙酰硝酸酯(CH_3COONO_2,简称PAN)等。光化学烟雾中通常含有高浓度的氧化剂，故又称为氧化性烟雾。氮氧化物是引发光化学烟雾的主要元凶：

$$NO_2 \longrightarrow NO + O$$

$$O + C_xH_y \longrightarrow C_xH_yO\cdot$$

$$C_xH_yO\cdot + O_2 \longrightarrow C_xH_yO_3\cdot$$

$$C_xH_yO_3\cdot + C_mH_n \longrightarrow RCHO + R^1COR^2$$
$$O + O_2 \longrightarrow O_3$$

在光化学烟雾中，过氧酰基类化合物具有举足轻重的作用，比如过氧乙酰硝酸酯、过氧化苯甲酰硝酸酯($C_6H_5C—O—O—NO_2$,简称 PBN)、过氧化乙酐、乙基过氧化氢等等，它们对于人和植物都有直接的危害。

另外，大气中还有由于刮风扬起的土壤、花粉，火山爆发产生的粉尘，工业粉碎、喷雾引起的粉尘，燃烧过程中产生的废气和灰尘、煤灰，汽车卷起的粉尘，汽车尾气中的粉尘类物质等。这些粉尘中，有对人类危害巨大的含铅、镉、镍等元素的无机粉尘，也有芳香族类、有机醛类、酶类等有机物质。

五、酸雨

酸雨是空气中的酸性气体随雨而下形成的。这些酸性气体主要来自于交通运输、发电、家庭生活等燃烧化石燃料的过程，主要有 SO_x、NO_x 等。人类活动排向大气的 SO_2 及其氧化产物 SO_3，在下雨时可能转化为亚硫酸、硫酸或亚硫酸盐、硫酸盐，NO_x 则可能转化为硝酸、硝酸盐，再加上工业上排放的氯化氢等酸性物质构成了酸雨的主要成分。90%以上的酸雨是由人类排放的 SO_x 和 NO_x 生成的。

酸雨对环境对生物体的危害是明显的，受酸雨污染后，湖水、河水将呈酸性(其 pH 值可降至 5.0 以下),水生生物将受到很大的威胁，甚至大量死亡。酸雨洒在植物上，植物叶子表皮将直接受到破坏，使植物生长受到妨碍甚至死亡。酸雨落到土壤中，钾、钙、磷等一类碱性营养物质将被冲走，导致土壤肥力下降，影响作物生长。酸雨还严重腐蚀建筑物、车辆、电线和市政设施等，加快设施的老化，缩短使用寿命甚至造成严重的事故。

六、生物多样性锐减

生物多样性是指地球上所有生物——植物、动物和微生物及其他物质构成的综合体。它包括遗传的多样性、物种多样性和生态系统多样性三个组成部分。生物多样性是人类社会赖以生存和发展的基础。保护生物多样性、保护生物资源的可持续利用是一项全球性的任务，也是全球性环保计划的重要组成部分。然而，在过去的 2 亿年中，自然界每 27 年就有 1 种植物从地球上消失，每个世纪就有 90 多种脊椎动物灭绝。随着人类活动圈对生物影响的加剧，物种的灭绝速度不断加快，很多物种还未来得及命名就已灭绝，大量的基因丧失，不同类型的生态系统面积锐减。物种和生态系统正以人类历史上前所未有的速度消失。如果不立即采取有效措施，人类将面临着能否以其固有的方式继续生活下去的挑战。

七、森林的破坏

森林是地球生命之肺，除涵养水源、防止水土流失、调节气候等作用外，还可以吸收二氧化碳，放出氧气。$10000m^2$ 阔叶林 1d 可以吸收 1t 二氧化碳、放出 0.73t 氧气，可供 1000 人呼吸 1d。一个没有空气污染的城市，人均只要有 $10m^2$ 的森林绿地，就可以吸收其呼出的全部二氧化碳。森林不仅有生态价值，而且还有很重要的经济价值。

然而，目前世界的森林正以每分钟 $700 \times 10^8 m^2$ 的速度递减，热带雨林以每分钟 $50 \times 10^4 m^2$ 的速度减少。如果不严加控制，继续乱砍乱伐，40 年以后，世界人口要增加一倍，而人均享有的森林面积却会大幅度降低，我们将面临无足够的氧气供呼吸用的困境。

八、荒漠化

荒漠化主要指由于气候变化和人类经济活动在内的各种因素影响所造成的干旱、半干旱和干燥、亚湿润地区的土地退化。即由于土地使用不当和多种外力作用，致使干旱、半干旱及具有干旱季节的湿润亚湿润地区的旱作农地、灌溉农地、草地、林地的生物生长可能性或可能产生的经济效益呈复合性下降或丧失的现象。荒漠化包括土地退化、水蚀、风蚀、水土流失和盐碱化。荒漠化除造成气候变化等环境效应外，其直接结果就是使地球可利用的土地减少，面对日益增多的人口，人类的生存发展将面临更大的压力。因此，荒漠化是目前人类急待解决的一大突出的环境问题。

第二节　资源问题[4,13,14]

一、能源问题

人类日常生活中的炊事、照明及供热均离不开能源，人类运输业离不开能源，工业生产离不开能源。能源是发展国民经济、维持人们生活水平的基石。工业革命的发生，正是由于人类学会了转变并控制各种不同的能源，由化学能、热能到机械能或电能，并经由各种机械的发明，使它能从事比人类或动物的体力劳动强度更大、更精确也更可靠的工作。这不仅大大地发展了人类社会的生产力，也大幅度地改善了人类的物质文化生活。一个国家的经济增长与其能源消费的增长密切相关。人类过度地依赖地球上上千万年慢慢积累演化而来的石油、煤、天然气等矿物质燃料。过去工业革命靠煤支持了 60 年，从 1948 年起，石油的消耗量赶了上来，在 20 世纪内，世界人口增长了 3 倍，但能源消耗却增大了 30 倍，这里还没有考虑绝大多数发展中国家人均能源消费大大低于发达国家这一因素。按照目前世界石油消耗量的增长速度估计，全世界石油储量在 20～50 年之后就会消耗 80%。据最近的报道，全球的石油尚可开采 39 年，煤可开采 221 年，天然气还可开采 60 年，就算尚有许多石油、煤和天然气尚未被探出，即使上述年限翻一翻，即石油尚可开采 80 年、煤 400 年、天然气 120 年，这也是一个极其有限的时间。那么，人类的子孙后代用什么作燃料？同时，如前所述，大量使用化石燃料还会造成环境污染。为了人类的延续，目前应该怎么办？

二、其他资源问题

人类的生存和发展除需要能源外，还需要其他各种资源，如土地资源、矿产资源和生物资源等。土地是人类赖以生存的基础，在发展中国家，土地资源为大约 60% 的人口提供生计。然而由于在人口激剧增加的同时，可耕土地却在不断地减少，人均可耕地在这两个因素的作用下正以较大的速度减少。矿产资源的过渡开发和不合理使用对工业的发展造成严重影响，同是还造成了严重的环境污染。土地资源、矿产资源均是不可再生的资源，终将面临枯竭的到来。生物资源在人类的寿命范围内属于可再生资源，但是，在生物资源的使用上有一个使用（消耗）速度与再生速度的相对大小问题。如果消耗速度大于再生速度，生物资源也会枯竭。资源枯竭后，人类靠什么生存？从何谈发展？

第三节　健康问题[15,16]

人类一出现就不停地与疾病和衰老作斗争，其采用的方式有三。其一，求助于某种超自然的力量，求神仙保佑，求上帝赶走、收伏病魔，求上帝赐给长寿……尽管这一方法毫无科学依据，但限于人们的认识水平，至今在一些地区仍十分盛行。其二，进行物理锻炼和心理修炼，增强战胜疾病的能力和延缓衰老的能力，这也是目前极为盛行的方法。其三，服用药物。神农尝百草就是为了寻求治疗疾病的药物，炼丹术士也是寻求延缓衰老的不死之药（从现代化学的角度看，炼丹术士炼得的铅、汞正好是加速死亡的有毒物质），现代医学也主要靠药物来治疗疾病，但是人类目前在这方面正面临着严峻的挑战。

尽管目前医学、医药业已经取得了很大的进步，但人类仍面临各种不治之症的威胁。例如癌症、艾滋病、埃博拉等，目前仍无有效药物可以治疗，迫切需要有新的可治疗这类疾病的药物，使这些不治之症成为可治之症。

面对衰老，人类仍然是束手无策，迫切需要发明延缓衰老、使人长生的新药。

现有治疗某些疾病的药物，虽然有一定的疗效，但不少药物均有一定的副作用，迫切需要对其加以以改进，或研究开发新的药物，以提高疗效减少副作用。

人体对药物有抗性，一些在一定时期对某些疾病有疗效的药物，使用一段时间后就会在人体内产生抗性，不再具有疗效，因此也需要研究新的药物来替代这些因人体抗性而失效的药物。

例如，现有的有疗效的药物通常都是含有手性原子的化合物，含有 1 个中心手性原子的化合物分子有 2 个光学异构体，含有 2 个中心手性原子的化合物分子有 4 个光学异构体，……含有 n 个中心手性原子的化合物分子具有 2^n 个光学异构体，而这些光学异构体中通常只有 1 种光学异构体对疾病有疗效，其余的 2^n-1 种异构体非但没有疗效，可能还有副作用甚至很高的毒性。比如，萨立多胺(Tholidomide)，其 R - 异构体是一种有效的镇静剂，而其 S - 异构体则是一种极强的畸胎剂。

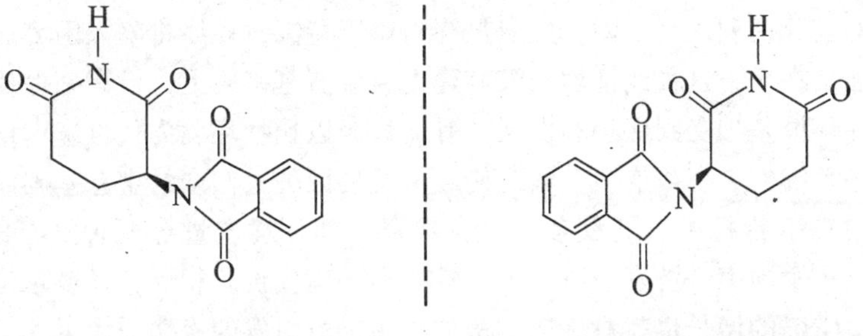

R-异物体，镇静剂　　　　S-异构体，畸胎剂

而传统的药物合成方法只能得到等比例的混合物(外消旋体),但这些光学异构体的拆分又十分的困难，而且拆分不仅使得药物成本大为增加，同时也浪费了资源。因此，为了增大疗效、减少副作用，要求在药物合成中能采用先进的绿色化学合成方法，定向合成光学异构体，这样不仅增大了社会经济效益，同时也节约了资源。治疗帕金森氏症的 *L* – 多巴的合成为我们提供了一个很好的成功例子。传统方法合成当然是得到外消旋体，但近年来采用不对称催化合成的方法，已使该反应得到我们需要的正确手性结构，*L* – 多巴的收率达 96%。

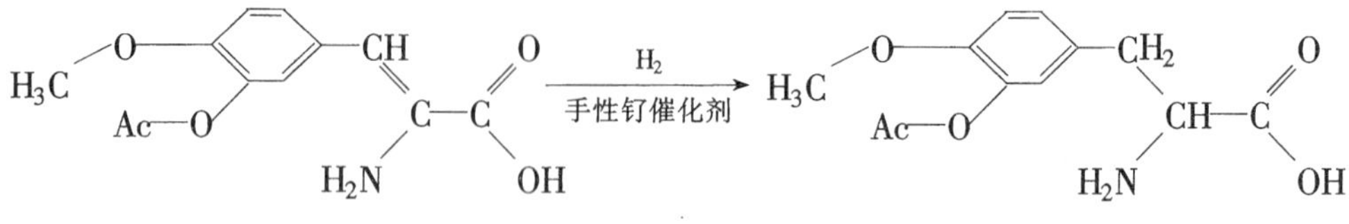

L – 多巴

第四节　可持续发展问题[17~20]

发展问题一直是世界各国普遍关注的焦点问题。80 年代初期，由联合国授权成立的世界环境与发展委员会提出了可持续发展的理论。1992 年，联合国召开的环境与发展大会以此作为指导方针，制定了关于可持续发展的《21 世纪议程》,受到了人们的广泛重视，也得到了世界各国的普遍认同。不论是发达国家还是发展中国家，都不约而同地把可持续发展战略作为国家宏观经济发展战略的一种选择，并深刻地认识到：“我们需要一个新的发展途径,一个能持续人类进步的途径,我们寻求的不仅仅是在几个地方、在几年内的发展,而是在整个地球遥远将来的发展”。这标志着人类的发展观出现了重大的转折。

可持续发展观是在传统发展观的基础上发展起来的。传统的发展观基本上是一种“工业实现观”，它以工业增长作为衡量发展的唯一标志，把一个国家的工业化和由此产生的工业文明作为是现代化实现的标志。

在现实生活中，传统的发展观表现为对国民生产总值(Gross National Product,简称 GNP)、对高速增长目标的热烈追求。这种观点认为，GNP 高的国家就是经济强国，人均 GNP 多的国家就是经济成功或经济繁荣的国家，GNP 增长迅速的国家就是经济上取得很大进步的国家。因此，追求 GNP 的增长就成了国家经济发展的目标和动力。但是，这种片面追求 GNP 增长的发展战略所带来的一个严重后果是：环境急剧恶化，资源日趋短缺，人民的实际福利水平下降，发展最终将难于持续，最终将陷入困境。

问题的症结在于，这种经济增长没有建立在生态基础之上，没有确保那些支持长期增长的资源和环境基础受到保护和发展，有的甚至以牺牲环境为代价来求得发展，其结果是导致生态系统的失衡或崩溃，最终使经济发展因失去健全的生态基础而难以维持。

在现在的 GNP 指标中，既没有反映自然资源和环境质量这两种财富的实际价值，也没有揭示出一个国家经济发展所付出的资源和环境代价。相反，环境越是污染，资源消耗得越快，GNP 的增长也就愈迅速。例如，污染所引发的疾病增大了人们在医疗上的支出，污染造成的腐蚀加快了耐用品的更新，治理污染花费了大量的资金，这些都积累在GNP之内，促进了GNP的增长。因此，传统的发展观实际上是一种产值增长观，它所表现的经济繁荣带有很大的虚假性。在这种发展观支配下的经济繁荣，必然带来上述诸多困难。

由于人们对上述困境认识的不断深入，迫使人们检讨传统的经济发展观，寻求探索新的经济发展模式，由此发展出了可持续发展观。可持续发展观强调经济与环境的协调发展，追求人与自然的和谐。其核心思想是：健康的经济发展应建立在生态持续能力、社会公正和人民积极参与自身发展决策的基础之上。它所追求的目标是：既要使人类的各种要求得到满足，个人得到充分的发展，又要保护生态环境，不对后代的生存和发展构成危害。它特别关注各种经济活动的生态合理性，强调对环境有利的经济活动应予以鼓励，对环境不利的经济活动应予以摒弃。在发展指标上，不单纯用GNP作为衡量发展的唯一指标，而是用社会、经济、文化、环境、生活等多项指标来衡量发展。这种发展观较好地把局部利益与全局利益、眼前利益与长远利益有机地统一起来，使经济能够沿着健康的轨道发展。可以说，可持续发展是人类世纪之交一种十分明智的选择。

可持续发展的思想包含有如下几个层次的含义：

首先，可持续发展思想强调的是发展，把消除贫困当作是可持续发展的一项不可缺少的条件。贫困是导致生态恶化的根源，生态恶化又加剧了贫困，只有发展才能为解决生态危机提供必需的物质基础，也才能最终摆脱贫困。

其次，可持续发展思想把环境保护作为发展过程的一个重要组成部分，作为衡量发展质量、发展水平和发展程度的客观标准之一。因为现代化发展已越来越依靠环境与资源基础的支撑，而随着环境的恶化和资源的耗竭，这种支撑已越来越薄弱和有限了。因此，越是在经济高速发展的情况下，越要加强环境和资源的保护，以获得长期持久的支撑能力。这是可持续发展区别于传统发展的一个重要标志。

第三，可持续发展思想强调代际之间的机会均等，指出，当代人享有的正当的环境权力，即在发展中合理利用资源和具有清洁、安全、舒适环境的权力，后代人也应该同样享有。这一代人不能滥用自己的环境权力，不能一味片面地追求自己的发展和消费而剥夺了后代人应享有的发展与消费的机会。这一代人要把环境的权力和义务有机地结合起来，在维护自身环境权力的同时，也要维护后代人生存与发展的权力。

第四，可持续发展战略呼吁人们改变传统的生产方式和消费方式，要求人们在生产时要尽量少投入、多产出，在消费时要尽量多利用、少排放。因此，必须纠正过去那种靠高消耗、高投入、高污染和高消费来带动和刺激经济高速增长的发展模式，而转变为依靠科学进步和提高劳动者素质来促进经济增长的新模式。因为只有大力推动先进生产技术的研制、应用和普及，才能使单位产量的能耗、物耗大幅度地下降，才能不断地开拓新的能源和开发新的材料，也才能实现少投入、多产出的生产方式，进而减少经济发展对资源和能源的过分依赖，减轻对环境的压力。

第五，可持续发展思想要求人们必须彻底改变传统的对待自然界的态度，建立起新的道德和价值标准。不能再把自然界看作是人类可以随意盘剥和利用的对象，而应看作是人类生命和价值的源泉。人类必须学会尊重自然、师法自然、保护自然，把自己看作是自然的一员，与之和谐相处。

面对上述挑战，化学怎么办？

传统的化学及由此形成的化学工业不可避免地是传统发展观的产物。往往只注重原料和产品的价格差，它只注重产生了多少效益，不同程度地存在“原料低价、资源无价”的价格扭曲现象，造成了不同程度的污染。因此，化学界也在不停地思想这些问题。早在 1974 年，唐有祺先生在《化学动力学和反应器原理》一书中就概括了的化学反应“直接性”的思想[21]，“这就是说，要尽量减少反应步骤，从原料到产品要尽可能做到直达，在生产过程中尽可能不采用那些对产品的化学组成来说没有必要的物料，并尽量采用来源不受限制的空气、水以及石油资源能大量提供的烯烃、芳烃等原料。……”。1989 年在美国檀香山举行的环太平洋地区化学工作者研究和开发研讨会上[22]，人们就反复使用“新化学、新化学时代”等词汇来描述已经演变了的化学工业领域。他们把能对未来社会、技术以及市场的新挑战作出相应反应的化学体系称为新化学。渥太华未来观察国际顾问西蒙兹说，我们可以把 20 世纪称为物理的世纪，而 21 世纪的基本问题是分子和生物分子，因此，21 世纪将很可能是化学的世纪；但化学工业必须成功地采用新工艺去生产新的化学制品，从而与由旧的工艺生产又以旧的工艺使用化学品产生的污染、废弃物以及公害等彻底决裂，才能实现化学的新世纪。西蒙兹还提出了分子产率的概念。在 90 年代整个化学界都在致力于发展新的化学，在这个过程中形成了一种趋势，即追求化学的完美，不仅考虑目标分子的性质或某一反应试剂的效率，而且考虑这些物质对人类对环境的影响，以期减少对人类健康和环境的危害，充分利用资源，求得可持续发展。在这个过程中，人们使用了环境无害化学(Environmentally Benign Chemistry)、环境友好化学(Environmentally Friendly Chemistry)、清洁化学(Clean Chemistry)、原子经济和无害设计化学(Atom Economy and Benign by Design Chemistry)等来描述迎接人类未来挑战的化学。1995 年，美国化学会组织召开了相关学术会议，会议文集以“绿色化学”为书名正式出版[23]，由此进一步在全球范围内推动了绿色化学的研究和开发应用。

绿色化学是化学学科发展的必然选择，是适应人类的需求而逐步形成的，是化学发展的高级阶级。

参 考 文 献

1 布里斯罗 R 著.化学的今天和明天.华彤文,宋心琦,张德和,吴国庆译.北京:科学出版社,1998

2 唐有祺.展望今后化学之发展.化学通报,1998,7:6～9

3 冯守华,谭持恒编译.化学的黄金时代.化学通报,1998,7:9～14

4 李远哲.面对 21 世纪的挑战.化学通报,1998,7:2～6

5 毛文永.环境战略的新发展.环境科学,1994,15(4):1～4

6 解振华.我国环境保护面临的形势和挑战.环境科学动态,1995,2:1～8

7 俞兴福,叶明吕,郑志坚编著.环境化学导论.上海,复旦大学出版社,1997

8 徐峻.气候变化的新认识.世界环境,2000,1:22～25

9 田广生.中国气候变化影响研究概况.环境科学研究,2000,13(1):36～39

10 吕学都.我国气候变化研究的主要进展.中国人口·资源与环境,2000,10(2):35～38

11 Scholes Mary, Andreae Meinrat O. Biogenic and Pyrogemic Emissions from Africa and Their Impact on the Global Atmosphere.张国梁译.Ambio(中文版),2000,29(1):23～29

12 江桂斌.环境化学的回顾与展望.化学通报,1999,11:14~15
13 钟晓红译,楚云校.世界能源概况.世界环境,1993,2:32~33;1993,3:20~21
14 王秉忱.世界新能源的发展概况——联合国新能源和可再生能源会议介绍.新能源,1982,4(3):1~30
15 美国国家研究委员会,化学科学与技术部,催化科学技术新方向专家组著.催化展望.熊国兴,陈德安译.北京,北京大学出版社,1993
16 美国化学科学机会调查委员会,美国化学科学与技术部,美国物理科学、数学和资源委员会著.化学中的机会.曹家桢译.中国科学院化学部,中国化学会,中国科学院情报中心,1986
17 曲格平.关于可持续发展的若干思考.世界环境,1995,4:3~6
18 冯之浚.可持续发展与技术创新.中国人口·资源与环境,2000,10(2):5~10
19 徐玉商,侯世昌.可持续的,可持续性与可持续发展.中国人口·资源与环境,2000,10(1):4~7
20 原新,唐家龙.四种竞争与环境可持续性.中国人口·资源与环境,2000,10(1):8~11
21 唐有祺.化学动力学和反应器原理.北京,科学出版社,1974:1
22 Kriege James 著.择音编译.新化学时代的来临.未来与发展,1991,2:53~55
23 Anastas P T, Williamson T C. Green Chemisty, Designing Chemistry for the Environment, ACS Symposium Series 626. Washington:, D. C: American Chemical Society, 1996

第二章 绿色化学

第一节 什么是绿色化学

一、绿色化学的内涵

绿色化学是当今国际化学科学研究的前沿。它吸收了当代物理、生物、材料、信息等学科的最新理论和技术，是具有明确的科学目标和明确的社会需求的新兴交叉学科。

传统的环境保护方法是治理污染，或曰污染的末端治理，也就是研究已有污染物对环境的污染情况，研究治理这些已经产生了的污染物的原理和方法，是一种治标的方法。

绿色化学的目标是：化学过程不产生污染，即将污染消除于其产生之前。实现这一目标后就不需要治理污染，因其根本就不产生污染，是一种从源头上治理污染的方法，是一种治本的方法。

绿色化学致力于研究经济技术上可行的、对环境不产生污染的、对人类无害的化学品的设计、制造和使用；研究经济技术上可行的、对环境不产生污染的、对人类无害的化学过程的设计和应用。简言之，绿色化学就是把化学知识、化学技术和化学方法应用于所有的化学品和化学过程，以减少直到消除对人类健康和对环境有害的反应原料的使用、反应过程的利用、反应产物的生产和使用、反应溶剂的使用，尽可能不生成副产物，更加充分地利用资源，以适应可持续发展的需要[2~4]。或者说，绿色化学就是利用化学原理和方法来减少或消除对人类健康、社区安全、生态环境有害的反应原料、催化剂、溶剂和试剂、产物、副产物的新兴学科，是一门从源头上、从根本上减少或消除污染的化学。

绿色化学的基本思想可应用于化学化工的所有领域，既可对一个总过程进行全面的绿色化学设计，也可以对一系列过程中的某些单元操作进行绿色化学设计、对化学品进行绿色化学设计。比如，对化学合成、催化剂、反应条件、分离分析和监测等也可分别进行绿色化学设计。

二、绿色化学是可实现的理想

绿色化学的目标就是追求完美。但必须明白，向完美每跨进一步都得克服不小的困难，正是逐步一个一个地克服掉一系列困难之后，方可达到这一目标。在绿色化学中，合成效率十分重要，因为合成效率的高低不仅体现了合成方法的先进与否，同时也体现了该过程在经济上可行与否。

由于物质及人类活动本身有其内在的运动规律，因此，任何物质和人类活动对人类本身及环境均会有或多或少的影响。那是不是意味着“没有什么物质是对人类、对环境友好的,我们追求的完美无缺的绿色化学仅仅是一种理想状态而无法实现的”呢？目前绿色化学领域取得的进展已经对此作出了否定的回答。这方面取得的成果不仅解决了传统方法造成的对环境、对人类健康的危害，同时在经济技术指标、原料有效利用、过程效益等方面均取得了良好效果，因此已成为市场驱动和利益驱动的技术。诚然，要绝对区分哪一物质、哪一过程对环境更加友好是十分困难的，很难构筑一张物质过程对人类、对环境危害的定量表。对过程而言，在一个反应中改变一种物质，通常就会改变产品的整个生产过程，因此极难对不同过程对人和环境的影响进行定量的度量。但是，利用目前已经拥有的、大量的关于个别化学物质和化学过程对人类健康和对环境影响程度的数据，还是能对许多物质和许多过程作出明确的判断。某些毒性比其他分子小得多的分子，具有与那些毒性分子相同或相似的实用功能；不少合成过程与其他过程相比，具有明显的优点。相对地讲，我们是知道哪些物质与其他物质相比对人类、对环境更加有害；哪些过程与其他过程相比对人类、对环境更加有害。根据这些知识，在一定场合、一定特定合成或某一特定过程中，可以采用对我们最有利的物质和方法。

三、绿色化学与环境保护的差异

毫无疑问，最近几十年来，化学、化工、环境保护界在如何减少许多化学品在生产和使用过程中的危险性方面做了很多十分有益的工作。发展了很多有创造性的处理化学废物的方法；发展了许多减轻化学废物堆放场所危险性的方法以及弥补化学废物造成危害的方法；发展了许多分析检测空气污染、水污染和土壤污染的方法和处理污染的技术；发展了许多控制污染物暴露的方法和技术。这些对改善人类生存环境、提高人类社会生活质量，无疑是十分有益的和必须的，但这些并不能称为是绿色化学。绿色化学是利用化学来预防污染，不让污染产生，而不是处理已有的污染物。

四、进一步认识绿色化学

从科学观点看，绿色化学是化学基础内容的更新，从环境友好、经济可行的绿色化学产品的设计出发，发展对环境友好、符合原子经济性的起始原料化学，提高化学反应的产率和选择性，或从新的起始原料出发，发展原子经济性的、高选择性的新反应来完成绿色目标产物的合成。

从经济观点看，绿色化学为我们提供合理利用资源和能源、降低生产成本、符合经济可持续发展的原理和方法。

从环境观点看，绿色化学提供从源头上消除污染的原理和方法，把现有化学和化工生产的技术路线从“先污染,后治理”改变为“不产生污染,从源头上根除污染”。

第二节　为什么要大力发展绿色化学

一、大力发展绿色化学是人类社会可持续发展的必然要求

一个世纪以来，为适应人类社会和工业生产的需要，化学取得了十分辉煌的进步，

创造了巨大的业绩。但由于受传统发展观的影响，化学工业向环境排放了大量的污染物，一些化学品被不加节制地滥用，给整个生态环境造成了非常严重的影响。当代全球十大环境问题中至少有 7 项与化学工业和化工产品的化学物质污染有关。据美国国家环保署的统计，在所有释放有毒有害物质的工业中，与化学工业相关的产业处于第一位，该行业排放的有毒有害物质是处于第二位的冶金工业的 4 倍，而且该调查仅涉及 70000 多个商用化学品中的 365 个[1,5,6]。许多物质排放到环境后，能在环境中残留和积累，对环境造成破坏。另外，化工生产中的偶然事故也会对人类和环境造成突发性的影响。比如，1983 年印度 Seveso 农药厂异氰酸甲酯的泄漏造成 2000 人死亡，30 万人中毒等。

但是，目前人类社会发展到今天已无法离开造成当前物质文明的化学产品和化学工业而退回到上世纪或者更远古的时代，去过那种田园生活。尽管我们处在可怕的白色污染的包围之中，但却完全无法想像没有今天的高分子聚合物产品，我们的日常生活还能否正常进行，尤其是在都市中，这种情况更为突出。发达国家已经或正在将一些有毒有害的化学品生产转移到发展中国家和地区，我国有的地方也把这种生产由城市转移到农村或由沿海转移到内地。这样做的结果无异于搬起石头砸自己的脚，毁了整个地球。

因此，我们既要为开创更加美好的生活而发展化学和化学工业，又不能让化学品生产过程和化学品破坏我们的环境。这就要求我们大力发展既能支撑经济发展，又能满足环境的要求，以保证可持续发展的新的化学——绿色化学。因此，大力发展绿色化学是人类社会可持续发展的必然要求。

二、发展绿色化学是科学技术和经济发展的需要

在整个工业体系中，化学工业占有很大的比例。在历史上，英国兴旺的基础是以制碱法为核心的化学工业的大发展。德国依靠以煤化工和炼钢业为主的化学工业技术革命，使世界科学技术中心由英国转移到了德国。而美国则重复着德国的历史。二战后，依靠以石油化工技术为代表的技术创新取得了化学工业的领先地位，使世界科学技术中心由德国转移到了美国。化学工业是美国最大的工业部门之一，10 年前(1990 年)的销售额就达 2920 亿美元，雇员达 110 万人，是美国少数几个产生贸易顺差的工业部门之一，在所有工业贸易中居第二位[1,7]。

很明显，世界各大化学工业公司现在一方面受到生产化学品成本的压力，另一方面也受到国家法律的、法规的、公众的关于减少环境污染或处理污染物的强大社会压力。它们一方面要想方设法降低成本，提高效益，另一方面又要因为治理污染物而增大成本。

因此，要发展化学工业从而发展经济，就必须寻求新的原理和方法，发展新的技术，以降低化学品生产的显性成本和隐性成本。而绿色化学正好具有这个潜力。另外，对于一些行业，要治理其产生污染所需要的费用可能比它本身产生的效益还大很多，如果没有新的原理、新的技术，这些行业就只有破产关门。因此，必须大力发展绿色化学。

第三节　化学反应的原子经济性

一、原子利用率

在合成反应中，要减少废物排放的关键是提高目标产物的选择性和原子利用率[8]，即化学反应中，到底有多少反应物的原子转变到了目标产物中。原子利用率可用下式定义：

$$原子利用率 = \frac{目标产物的量}{按化学计量式所得所有产物的量之和} \times 100\%$$

$$= \frac{目标产物的量}{各反应物的量之和} \times 100\%$$

用原子利用率可以衡量在一个化学反应中，生产一定量目标产物到底会生成多少废物。

例如，由乙烯制备环氧乙烷，采用经典的氯乙醇法时，假定每一步反应的产率、选择性均为 100%，这条合成路线的原子利用率也只能达到 25%。

$$CH_2{=}CH_2 + Cl_2 + H_2O \longrightarrow ClCH_2CH_2OH + HCl$$

$$ClCH_2CH_2OH + Ca(OH)_2 + HCl \longrightarrow C_2H_4O + 2CaCl_2 + 2H_2O$$

总包反应为：

	C_2H_4	Cl_2	$Ca(OH)_2$	C_2H_4O	$CaCl_2$	H_2O
摩尔质量/(g/mol)	28	71	74	44	111	18
目标产物量/g				44		
废物量/g					111	+ 18 = 129

$$原子利用率 = \frac{44}{44+111+18} \times 100\% = \frac{44}{28+71+74} \times 100\% = 25\%$$

即生产 1kg 环氧乙烷（目标产物）就会产生约 3kg 副产物（即废物）氯化钙和水，同时，还存在使用有毒有害氯气作原料，对设备有严格要求，产品的分离提纯等问题。为了克服这些缺点，人们采用了一个新的催化氧化方法，新方法以银为催化剂，用氧气直接氧化乙烯一步合成环氧乙烷，反应的原子利用率达到了 100%。

	C_2H_4	$1/2O_2$	C_2H_4O
摩尔质量/(g/mol)	28	16	44
目标产物量/g			44
废物量/g			0

$$原子利用率 = \frac{44}{28+16} \times 100\% = \frac{44}{44} \times 100\% = 100\%$$

又如环氧丙烷的生产，传统方法也是氯丙醇法，在各步转化率、选择性均为 100% 的情况下，其原子利用率仅可达 31%。

$$C_3H_6 + Cl_2 + Ca(OH)_2 \longrightarrow C_3H_6O + CaCl_2 + H_2O$$

摩尔质量/(g/mol)	42	71	74	58	111	18
目标产物量/g				58		
废物量/g					111	+ 18 = 129

$$原子利用率 = \frac{58}{58+111+18} \times 100\% = \frac{58}{42+71+74} \times 100\% = 31\%$$

同时也还存在使用有毒有害的氯气作原料，对设备有严格要求，产物的分离提纯等问题。近年来发展了钛硅分子筛催化氧化法：

$$C_3H_6 + H_2O_2 \xrightarrow{\text{钛硅分子筛催化剂}} C_3H_6O + H_2O$$

摩尔质量/(g/mol)	42	34	58	18
目标产物量/g			58	
废物量/g				18

$$原子利用率 = \frac{58}{58+18} \times 100\% = \frac{58}{42+34} \times 100\% = 76\%$$

新的催化法克服了有毒有害原料氯气的使用，氧化剂过氧化氢对设备的要求远不及氯气的要求严格，尽管原子利用率仅为 76%，但该反应唯一的副产物是水，它对环境是友好的。因此，该方法的环境友好程度明显高于传统方法。

再如，甲基丙烯酸甲酯的合成，传统方法是利用制取苯酚的副产物丙酮和制取丙烯腈的副产物氢氰酸经两步反应制取。这虽然是一个废物充分利用的典型例子，但其原料原子利用率仅为 46%，每生产 1kg 目标产物相应要生成 1.15kg 废物硫酸氢铵，同时还涉及到剧毒物质氢氰酸的使用。

$$CH_3COCH_3 + HCN \longrightarrow CH_3C(CN)(OH)CH_3 \xrightarrow{CH_3OH,\ H_2SO_4} CH_2{=}C(CH_3)COOCH_3 + NH_4HSO_4$$

总包反应为：

$$CH_3COCH_3 + HCN + CH_3OH + H_2SO_4 \longrightarrow CH_2{=}C(CH_3)COOCH_3 + NH_4HSO_4$$

摩尔质量/(g/mol)	58	27	32	98	100	115
目标产物量/g					100	
废物量/g						115

$$原子利用率 = \frac{100}{100+115} \times 100\% = \frac{100}{58+27+32+98} \times 100\% = 46\%$$

而 20 世纪 90 年代开发的乙酸钯[$Pb(OAc)_2$]一步催化法，其原子利用率达 100%，化学产率达 99%，选择性达 99%，该方法利用的是石脑油裂解的副产物丙炔[9]。

$$CH_3C{\equiv}CH + CO + MeOH \xrightarrow{Pb(OAc)_2} MeO_2C(CH_3){=}CH_2$$

摩尔质量/(g/mol)	40	28	32	100
目标产物量/g				100
废物量/g				0

$$原子利用率 = \frac{100}{100} \times 100\% = \frac{100}{40 + 28 + 32} \times 100\% = 100\%$$

由上可见，一旦要利用的化学反应计量式被确定下来，则其最大原子利用率也就确定了。比如，只要采用氯乙醇法生产环氧乙烷，不管怎样改进工艺，其最大原子利用率仅能达到25%；如果中间步骤中反应的选择性、反应物的转化率达不到100%，则该过程的原子利用率只能小于25%，而达不到25%。但是，如果选用银催化剂催化氧化方法，只要该步的转化率和选择性达到100%，则该反应的原子利用率就可达到100%。

原子利用率达到100%的反应有两个最大的特点：

(1) 最大限度地利用了反应原料，最大限度地节约了资源；

(2) 最大限度地减少了废物排放(因达到了零废物排放)，因而最大限度地减少了环境污染，或者说从源头上消除了由化学反应副产物引起的污染。

二、化学反应的原子经济性

美国著名化学家 Barry M Trost，从1991年起就致力于化学反应原子经济性的研究[10~12]。原子经济性(Atom Economy)是指反应物中的原子有多少进入了产物，一个理想的原子经济性的反应，就是反应物中的所有原子都进入了目标产物的反应，也就是原子利用率为100%的反应。这就要求目标产物就是反应物原子的结合。在传统有机合成中，不饱和键的简单加成反应、成环加成反应等属于原子经济反应，无机化学中的元素与元素作用生成化合物的反应也属于原子经济反应。

因此，要把生成目标产物的反应变为原子经济反应，就要如此设计反应过程，即，使合成反应中所用原料加成化合后就直接为目标产物，使反应的原子利用率达到100%。

如若C为需要的目标产物，传统合成方法为：

$$A + B \longrightarrow C + D$$

这一方法必然有废物D产生，这是该反应规定的，不可避免地会造成副产物污染和资源浪费。这就要求重新设计的反应，使反应变成为：

$$E + F \longrightarrow C$$

这样，原料E、F中的所有原子都进入了目标产物C中，反应的原子利用率达到了100%，无副产物生成，不会造成副产物污染。

例如，假定卤代烷烃为目标产物，如采用醇与卤化磷反应制备，即

$$3ROH + PX_3 \longrightarrow 3RX + H_3PO_3$$

则每有3mol目标产物生成，就会产生1mol副产物亚磷酸，形成资源浪费和副产物污染。

如采用卤代烷烃和卤化物进行卤素交换的方法，即

$$RX + NaX^1 \longrightarrow RX^1 + NaX$$

则每有1mol目标产物生成，就会有1mol副产物盐生成，造成资源浪费和副产物污染。

但如果采用烯烃与卤化氢加成的方法，即

$$R^1CH{=}CH_2 + HX \longrightarrow RX$$

则反应物中的所有原子均进入了目标产物卤代烷烃中，反应的原子利用率达到了100%，没有副产物生成，既节约了资源又消除了副产物污染。

三、尽量提高反应物转化率和目标产物选择性

要使化学反应尽可能最大限度地利用资源、减少环境污染，仅仅采用原子经济反应还不能完全达到目的。原子经济反应是最大限度利用资源、最大限度减少污染的必要条件，但不是充分条件。可能有一些化学反应，从计量式看，它是原子经济的，但若反应平衡转化率很低，而反应物与产物分离又有困难，反应物难于循环使用，则这些未使用完的反应物就会被当作废物排放到环境中，造成环境污染及资源的浪费。也有一些反应，反应本身是原子经济的，但两反应物还能同时发生其他平行反应，生成不需要的副产物，这也会造成资源浪费和环境污染。因此，我们选择的反应还必须是高选择性的。

原子经济的反应、高的反应物转化率、高的目标产物选择性，是实现资源合理利用、避免污染缺一不可的。

第四节　原子经济性与环境效益

根据绿色化学的观点，制造各种化学品时，必须同时考虑对环境造成的影响。荷兰有机化学家 Roger A Sheldon[8,9]提出了环境因子的概念，用以衡量生产过程对环境的影响程度。环境因子（E 因子）定义为：

$$E=\frac{\text{废物质量}}{\text{目标产物质量}}$$

在这里，相对于每一种化工产品而言，目标产物以外的任何物质都是废物。环境因子越大，则过程产生的废物就越多，造成的资源浪费和环境污染也愈大。

对于原子利用率为 100% 的原子经济性反应，由于在目标产物之外无其他副产物，因此，其环境因子为零。

据统计，现行化工及相关生产部门中，石油化工业的环境因子约为 0.1，是各行业中较小的，制药工业和精细化工业的环境因子较大，如表 2－1 所示。

表 2－1　不同化工及相关生产部门的环境因子

工业部门	生产量/t	环境因子	工业部门	生产量/t	环境因子
煤油	$10^6\sim10^8$	~0.1	精细化工	$10^2\sim10^4$	5~50
基本化工	$10^4\sim10^6$	<1~5	制药	$10\sim10^3$	25~100

在这些废物中，主要是在纯化产品时中和反应所产生的无机盐。往往是步骤越多，废物就越多。从表 3－1 可以看出，精细化工业（如染料业）和制药工业等废物较多，这主要是这些行业生产过程中涉及了较多的原子利用率低的反应，且步骤又较多。因此，如何减少合成步骤，提高反应的原子经济性，开发无盐生产工艺是目前化学化工界面临的重要任务之一。

环境因子仅仅体现了废物与目标产物的相对比例，废物排放到环境中后，其对环境的影响和污染程度还与相应废物的性质以及废物在环境中的毒性行为有关。要更为精确地评价一种合成方法、一个过程对环境的好坏，必须同时考虑废物排放量和废物的环境行为本质的综合表现。这一综合表现可用环境商（EQ）来描述：

$$EQ = E \times Q$$

式中：E 为环境因子；Q 为根据废物在环境中的行为给出的废物对环境的不友好程度。例如，可将无害的氯化钠的 Q 值定义为 1，则可根据重金属离子毒性的大小，推算出其 Q 值为 100～1000。尽管有时对不同地区、不同部门、不同生产领域而言，同一物质的环境商值可能不相同，但 EQ 值仍然是化学化工工作者衡量和选择环境友好生产过程的重要因素，如再加上溶剂等反应条件、反应物性质、能耗大小等各种因素，则对合理选择化学反应和化学过程更有意义。

第五节　绿色化学的任务

一、设计安全有效的目标分子

从源头上消除污染，首先必须保证所需要的物质分子——目标分子是完全有效的。因此，绿色化学的一大关键任务就是设计安全有效的目标分子或设计比被代替的其他分子更安全有效的目标分子。

设计安全化学品的概念并非近年才提出的，早在 1983 年，就在美国首都华盛顿召开过有关专题学术讨论[13]。设计安全化学品就是“利用分子结构与性能的关系（Structure－Activity Relationships，SAR）和分子控制方法，获得最佳的所需功能的分子，且分子的毒性最低”。最理想的情况就是，分子具有最佳的使用功能且一点毒性也没有，这里所指的毒性当然包括对人类、其他所有动物、水生生物及植物和其他环境因素的毒性。然而，有时需要在分子功效和毒性之间寻求某种平衡。设计安全有效化学品包括如下两个方面的内容：

（1）新的安全有效化学品的设计。人类社会和科学技术的发展需要具有某种功能的新型分子，这就需要我们根据分子结构与功能的关系，进行分子设计，设计出新的安全有效的目标分子。

（2）对已有的有效但不安全的分子进行重新设计，使这类分子保留其已有的功效、消除掉其不安全的性质，得到改进过的安全有效的分子。

迄今，已拥有超过 1800 万个化合物，且每年还要增加约 60 万个。传统方法是首先合成一个化合物，再试验其性质，若不满足需要则另行合成。这样，工作量十分庞大，花费很多，对资源和环境都会造成不利影响。目前，由于计算机和计算技术的发展，对分子结构与性能关系研究的不断深入，分子设计和分子模拟研究已引起了人们的广泛关注，实验台＋通风橱＋计算机三位一体的新的化学实验室已经普及[5]，安全有效化学品的设计将会得到更大更快的发展。

二、寻找安全有效的反应原料

（一）用无毒无害原料取代有毒有害原料

在目前利用的化学反应和化工生产中，常常使用一些有毒有害的原料，比如氢氰酸（HCN）、丙烯腈、光气、甲醛等。这些物质有的可能直接危及人类的生命，严重污染环境，有的则会危害人类的健康和安全或造成间接的环境污染。绿色化学的任务之一就是要研究如何用无毒无害的原料来代替这些有毒有害的物质，生产我们需要的产品。找到和利用对环境、对人类更加安全的反应原料，就可以减少有害物质的使用，从而减少对人类和环境的危害[1,4,14~16]。

［例 1］ 用二氧化碳代替有毒有害的光气生产聚氨酯

孟山都(Monsanto)公司在聚氨酯生产工艺的改进方面提供了一个成功的例子。聚氨酯是一种重要的高分子材料，广泛用于涂料、粘合剂、合成纤维、合成橡胶或塑料等。其传统生产工艺为：由胺与光气合成异氰酸酯，再合成聚氨酯。

$$RNH_2 + COCl_2 \longrightarrow RNCO + 2HCl$$

$$RNCO + R^1OH \longrightarrow RNHCOOR^1$$

这一工艺不但要使用剧毒的光气作为原料，而且还要生成对环境有害的副产物氯化氢(HCl),对人类的健康和环境均有较大的危害。孟山都公司的新工艺用二氧化碳代替光气与胺反应生成异氰酸酯，不仅消除了剧毒物质光气的使用，其生成的副产物水也对环境不产生污染，同时解决了两方面的问题。

$$RNH_2 + CO_2 \longrightarrow RNCO + H_2O$$

$$RNCO + R^1OH \longrightarrow RNHCOOR^1$$

［例 2］ 改变工艺，消除有毒有害氢氰酸的使用

亚氨基二乙酸二钠的生产新工艺也是利用无毒无害物质取代有毒有害物质的成功例子，为此，孟山都公司获得了 1996 年美国总统绿色化学挑战奖[2,16]。亚氨基二乙酸二钠是制造除草剂的重要中间体，过去以氨、甲醛和氢氰酸为原料分两步合成：

$$NH_3 + 2HCHO + 2HCN \longrightarrow NCCH_2NHCH_2CN$$

$$NCCH_2NHCH_2CN + 2NaOH \longrightarrow NaOOCCH_2NHCH_2COONa + NH_3$$

由于氢氰酸是剧毒的，生产过程中必须采用严格的保护措施，以确保生产操作者及环境的安全。该过程每生产 7kg 目标产物亚氨基二乙酸二钠就会产生 1kg 废物，其中含有微量甲醛和氢氰酸，因此必须经过处理后才能排放。而孟山都公司的新方法为：

$$HOCH_2CH_2NHCH_2CH_2OH + 2NaOH \xrightarrow{\text{铜催化剂}} NaOOCCH_2NHCH_2COONa + 4H_2$$

即以无毒无害的二乙醇胺和氢氧化钠为原料，在铜催化剂作用下而得目标产物。这一方法不再使用氢氰酸等有毒有害物质，产品无需经过复杂的分离程序就可使用，无需进行废物处理。

［例 3］ 改变原料生产己二酸

己二酸生产工艺的改进也是成功利用无毒无害物质代表有毒有害物质的典型例子。己二酸是一个重要的化学品，是生产尼龙－6,6 必不可少的原料，传统的生产工艺是，由苯加氢制得环己烷，环己烷氧化得到环己酮或环己醇，再用硝酸氧化环己酮和/或环己醇得到己二酸。

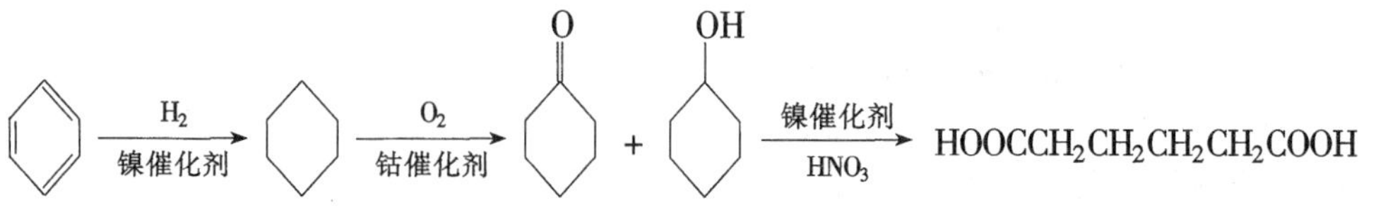

这一工艺的缺点是，所采用的起始原料苯是一个已知的致癌物，生产过程中要释放出氧化亚氮副产物，前已述及，该副产物是造成酸雨、臭氧消耗、光化学烟雾和全球变暖的“多功能”污染物。

Kazuhiko Sato 等[19]发明了一种绿色的合成己二酸的方法，该方法用环己烯与过氧化氢直接发生氧化反应，生成己二酸：

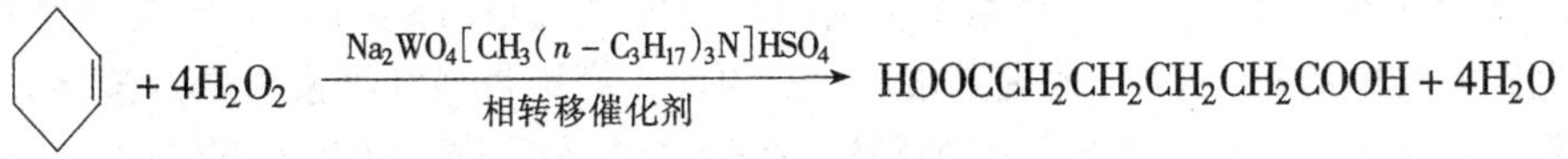

这一过程不需要使用溶剂，不再使用有毒害的原料苯，过氧化氢氧化剂的腐蚀性也远比硝酸小，同时不产生其他有害污染物，因此是一条安全、清洁的己二酸生产途径。

Draths 和 Frost[19~21]则发展了用葡萄糖生产己二酸的绿色工艺：

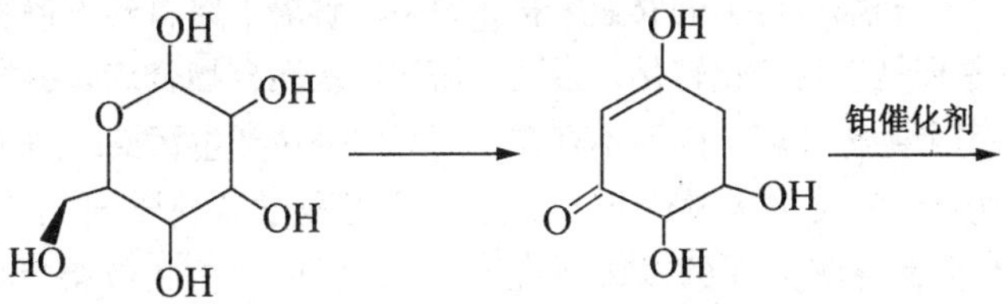

HOOC $CH_2CH_2CH_2CH_2$ COOH

这一方法除不再采用有毒害的苯作原料之外，采用了可再生的生物资源葡萄糖，拓展了己二酸合成的原料路线。

这样的例子还很多。从上述例子中可以看出，改变反应原料后，通常可获得几个方面的环境效益。需要注意的是，有时在某一步改变原料后可以达到该步不使用有毒有害原料的目的，但对于某物合成的总过程而言，其总结果未必比不改变好。因此，在实际工作中，要对总过程进行全面的绿色化学分析，方能作出正确的决定。

（二）以可再生资源为原料

150年前，大多数工业有机化学品都是来自植物提供的生物质(Biomass)，仅少数来自动物。后来，工业革命采用煤作为化工原料，在发明了从地下抽取石油的便宜方法后，石油就成了主要的化学化工原料，目前95%以上的有机化学品都是由石油加工而得到的。如前所述，石油、煤等均是不可再生的资源，因此除了要考虑这些资源的有效合理的使用外，还应考虑用可再生的生物资源来代替煤和石油等生产人类需要的化学物质。因此，用生物质作化学化工原料的研究受到人们的普遍重视，也是保护环境和实现可持续发展的一个长远和重要的发展方向，是绿色化学的重要研究方向之一。1996年美国总统绿色化学挑战奖中的学术奖就授予了 Texas A&M 大学的 Haltzapple 教授，他主持开发了一系列技术，把废弃生物质转化成动物饲料、工业化学品和燃料[21]。

生物质主要有两类，即淀粉和木质纤维素。玉米、小麦、土豆等是淀粉类的代表，农业废料(如玉米杆、麦苗杆等)、森林废物和草类等是木质纤维素的典型代表。木质纤维素是地球上最丰富的生物质，而且每年以 1640×10^8t 的速度不断再生，但至今人类仅利用了其1.5%。淀粉和木质纤维素都含有糖类聚合物，将其降解成单体后就可用于发酵。比如，从生物质中提取出的蔗糖和葡萄糖就可以作为化学化工原料，在酶催化或细菌作用下生产人类所需要的化学物质。

一般生物质都是由有机高分子或超分子组成的，在有效利用它们之前，通常需要首先把它们降解为小分子。纤维素也可降解为葡萄糖，但纤维素常处于结晶状态且难溶于水，故难于水解。另外，在纤维素中，葡萄糖单体之间是由$\beta-1,4$－甙键连结在一起的，它比淀粉中的$\alpha-1,4$－甙键更难水解；再者，纤维与半纤维素紧密地连接在一起，也妨碍了纤维素的降解，故纤维素的降解过程十分复杂。在自然生态系统中，无论是农作物枯杆还是动物胶原蛋白，其降解都是通过酶催化来进行的。为了不破坏生态又提高降解反应的速率，就需要找出每种木质素或动物胶原蛋白降解反应的高效酶催化剂或仿酶催化剂，实现生物质大分子的选择性降解。

Cross等[1]的工作在这方面开辟了一个新的局面，他们利用农业废料聚多糖类物质来合成新的聚合物。该工作利用可再生的农业废料作原料，解决了原料的可持续性问题，原料的污染问题，其合成原理是生物催化转化，因而无需像传统聚合物合成时那样，需要用许多试剂，且其产物可以完全生物降解，因而不存在使用后对环境产生污染的问题。

四川大学、中国科学技术大学、山东大学、中国科学院化学研究所等已开展了多年的生物质尤其是木质素降解方面的基础研究[21~26]，可望在不久取得突破。

三、寻找安全有效的合成路线

原料和目标产物确定之后，合成路线对过程的友好与否就具有十分重要的影响。美国斯坦福大学Paul A Wender[28]曾指出，一条理想的合成路线应该是采用价格便宜的、易得的反应原料，经过简单的、安全的、环境可接受的和资源有效利用的操作，快速和高产率地得到目标分子，而不管这一目标分子是天然物分子还是根据需要设计的分子。大多数的合成都是由相对简单的原料合成更为复杂的分子，故通常有两种方法来逼近以最少步骤获得目标分子复杂性较大增加这一理想合成目标，即可采用已知的由一步反应增大分子复杂性的反应方法，也可采用每一步增大一点分子复杂性由此逐步增大分子复杂性的多步反应方法。因此，设计和发展增大目标分子复杂性的反应路线对复杂合成十分重要。在寻找安全有效的合成路线时，一个特别需要考虑的问题就是合成路线的原子经济性。

1991年，美国著名化学家Barry M Trost[10]提出了化学反应原子经济性的概念，认为高效的合成反应应最大限度地利用原料分子中的每一个原子，使之结合到目标分子中，理想的原子经济反应是原料分子中的原子全部转变为产物，因而也就不生成副产物，实现废物的零排放。在寻找安全有效的合成路线时，在其每一步均利用原子经济的化学反应，则这一合成路线必然也是原子经济的。但由于化学反应本身受到化学原理的制约，大多数情况下要在一条合成路线中达到每一步都是原子经济的有一定的困难，此时，就要对合成路线进行全面的分析，通过合成路线中各步的整合，达到最终整条合成路线的原子经济性。

比如，由硝基苯合成对苯二胺，可以选择如下4条合成路线：

(1)

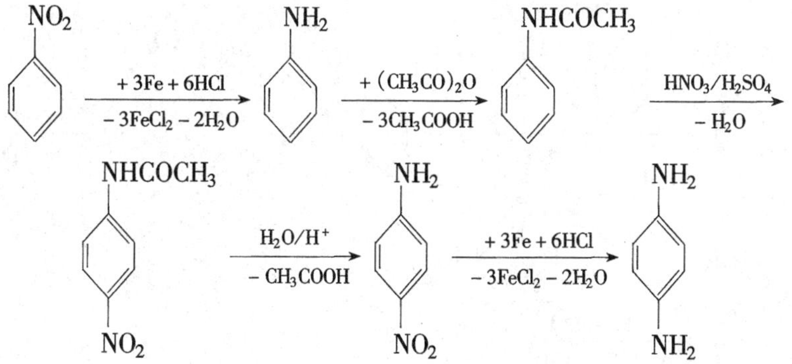

总包反应为：

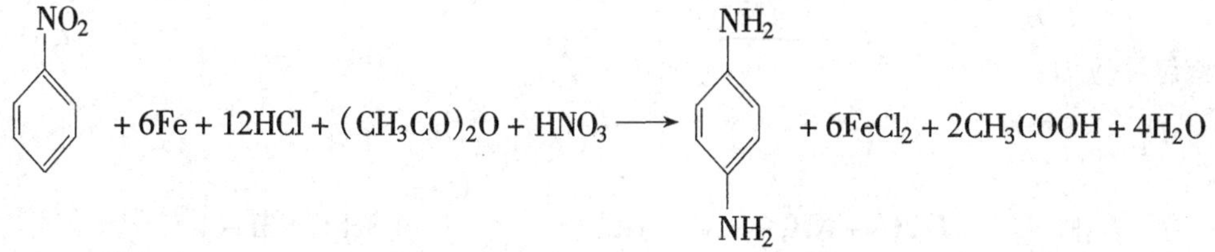

反应物中原子的相对质量之总和为 1062，而目标产物仅为 108，即每生产 108g 对苯二胺就要产生 954g 废物，反应的原子利用率仅为 10%。

(2)

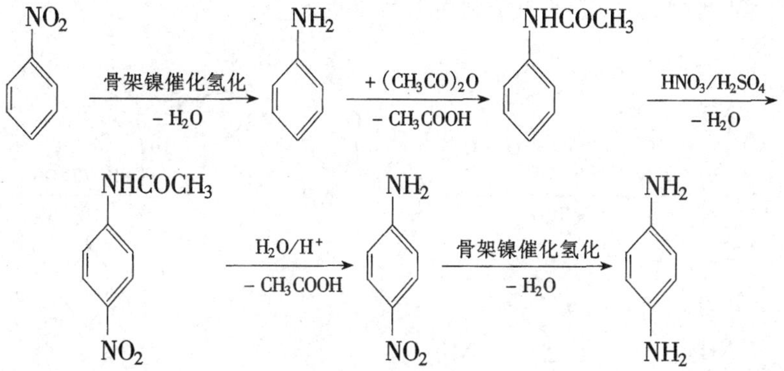

总包反应为：

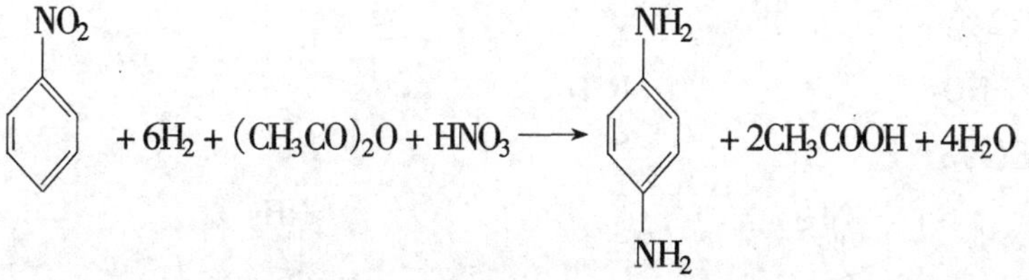

反应物中原子的相对质量之总和为 300，而目标产物仅为 108，即每生产 108g 对苯二胺就会有 192g 废物生成，反应的原子利用率为 36%。

(3)

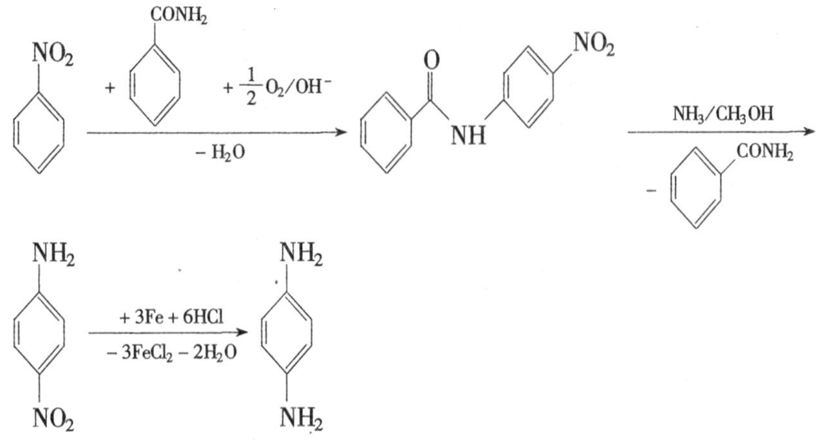

总包反应为：

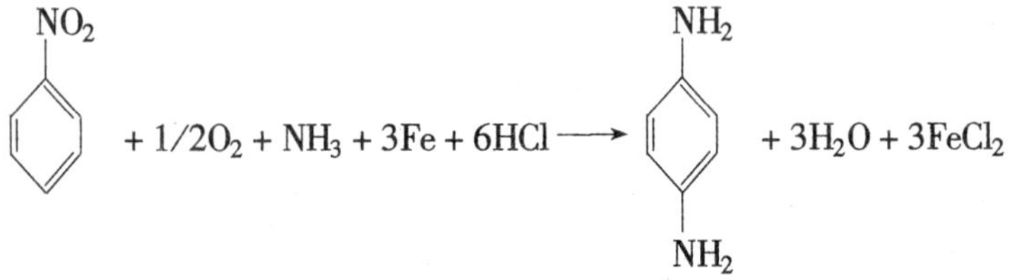

反应物中原子的相对质量之总为 543，而目标产物仅为 108，即每生产 108g 对苯二胺就会产生 435g 废物，反应的原子利用率为 20%。

(4)

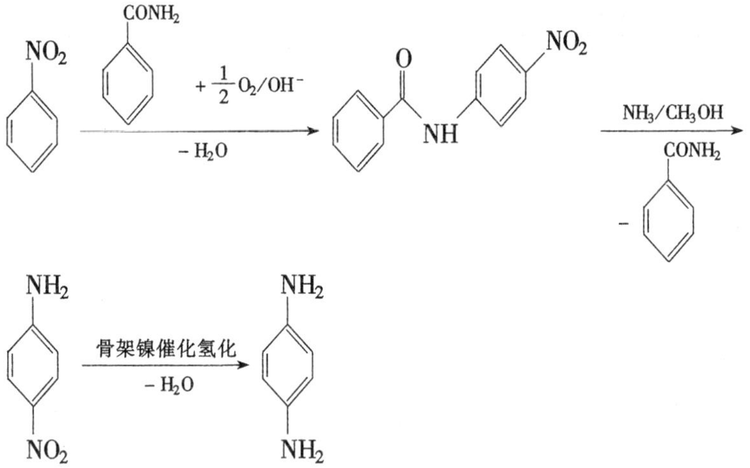

总包反应为：

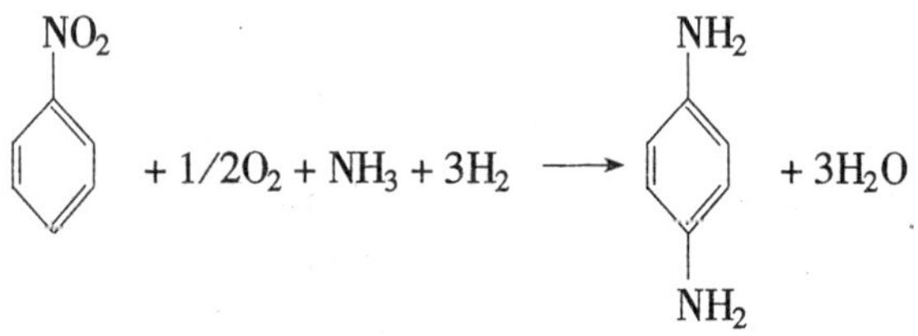

反应物中原子的相对质量之总和为 162，而目标产物仅为 108，即每生产 108g 对苯二胺就会生成 54g 废物水，反应的原子利用率为 67%。

在合成路线(1)、(2)中，由于要保护—NH_2 基团不在硝化过程中被氧化，所以与合成路线(3)、(4)相比每生产 1 分子目标产物总要多使用 1 分子乙酐，多生成 2 分子乙酸废物。从各路线的原子利用率看，路线(4)的原子利用率明显高于其他路线。因此，在没有更好路线的情况下，路线(4)是由硝基苯合成对苯二胺的原子经济性较好的路线，这正是孟山都公司合成对苯二胺的特色路线[9]。

在设计新的安全有效的合成路线时，既要考虑到产品的性能优良、价格低廉，又要使产生的废物和副产品最少，对环境无害，当然其难度是可想而知的。计算机是人脑的延伸，利用计算机来辅助设计，可以减轻人脑的劳动。

20 多年前，Corey 等和 Bersohn[14]就开始用计算机来辅助设计合成路线。现在这个方法已经越来越成熟了。其做法是：

(1) 建立一个尽可能全的化学反应的资料库，对计算机进行训练，告诉并教会计算机，哪些物质在一起在什么样的条件下会发生什么样的化学反应。

(2) 提出要求，即确定目标产物和可能采用的原料。

(3) 让计算机找出能生产目标产物的反应及所需原料。

(4) 以上一步的原料为目标产物再做搜寻，找出该目标产物的合成反应及原料。……直到得出我们预定的原料。

(5) 比较各条可能的反应路线的经济技术性及环境效应，从中选出最佳途径。

这种方法存在的一个问题是，在搜寻过程中，可能出现的选择很多，且合成路线越长，可能的选择也会越多。比如，对于结构较为复杂的分子很容易找出 30 种合成方法，那么进行第 2 步搜寻时，就可找出 $30 \times 30 = 900$ 种方法，如此类推，到第 5 步就可找出 30^5 约为 2400 万条可能的路线。如果一条一条的路线进行实验，要花多少时间、多少经费！如果让操作者仅靠人脑确定取舍，从 2400 万条路线中找出一条路线，那也是不可想像的。只有借助于计算机，赋予它某种“智能”，让其按我们制定的方法自动地比较所有可能的合成路线，随时排除不合适的路线以便最终找出经济、不浪费资源、不污染环境的最佳合成路线。

四、寻找新的转化方法

在化学过程中要减少有毒有害物质的使用，可以采用多种方法。近年来的研究发现，采用一些特别的非传统化学方法，可获得多种环境效果。

(一) 催化等离子体方法

要由二氧化碳和甲烷合成燃料油，按传统的思维方式是，先由二氧化碳与甲烷重整生成合成气，再采用费－托合成工艺把合成气转化为燃料油。

$$CO_2 + CH_4 \xrightarrow{\text{镍催化剂}} 2CO + 2H_2 \xrightarrow{\text{费－托合成}} \text{燃料油}$$

这一过程的缺点是，合成气制备是一个高耗能的过程，且使用的催化剂易积碳而失活。刘昌俊等[28]采用催化等离子体方法实现了一步直接合成燃料油，改善了产品的选择性，降低了单位产品的能耗。在这一过程中催化剂增强了等离子体的非平衡性，而等离子体又促进了催化剂的催化作用。

（二）电化学方法

采用电化学过程也可以消除有毒有害原料的使用，而且还可以使反应在常温常压下进行。自由基反应是有机合成中一类非常重要的碳－碳键形成反应，传统的实现自由基环化的方法是，使用过量的三丁基锡烷。这样的过程不但原子使用效率低，而且锡试剂是有毒又难于除去的，会造成污染。采用维生素 B_{12}作催化剂进行电化学还原环化，就完全避免了传统方法的缺陷。维生系 B_{12}是天然的无毒的手性合物，由它作催化剂进行电化学还原反应，产生自由基类中间体，从而实现温和条件下的自由基环化反应[29]。

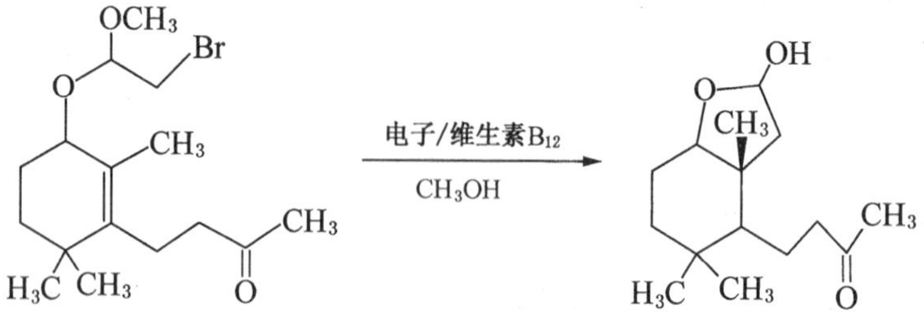

（三）光化学及其他辐射方法

光和其他辐射的方法，也可革命性地改变传统过程，消除有毒有害物质的使用。

例如，传统的二噁烷、氧或硫杂环己烷的开环反应要用重金属作催化剂，在一定试剂作用下才能进行，而 Epling 等[11]则采用可见光作为“反应试剂”直接使保护基团开环，避免了使用重金属造成的环境污染。

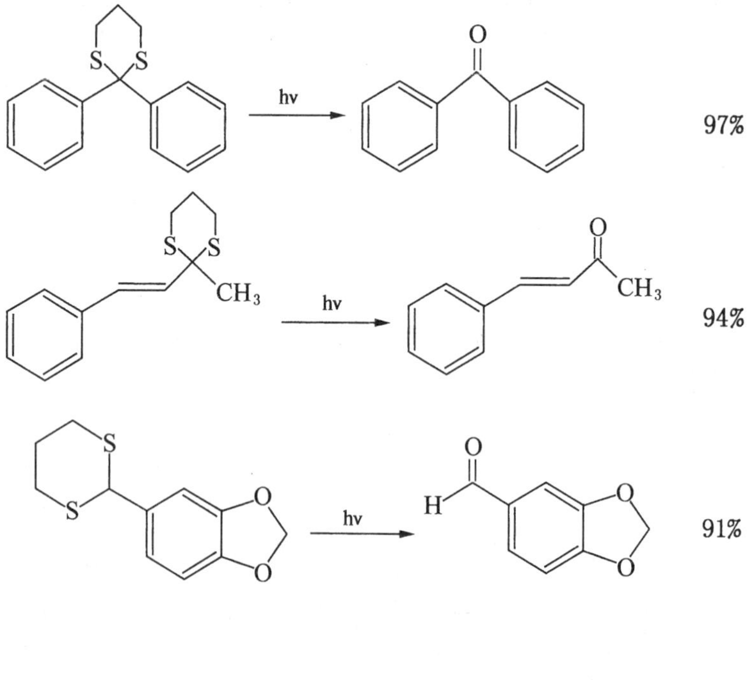

五、寻找安全有效的反应条件

在合成化学品的过程中，采用的反应条件对整个过程对环境的影响大小起着决定性的作用。经济上比较容易评价而且目前考虑较多的是能耗。过程对环境的影响程度由于评估比较困难，因此目前仍然考虑不多。化学化工产业对人类、对环境的影响不仅来自于其原料及产物，而且一切与整个过程相关的其他因素对人类和环境也都有很大的影响。在这些因素中，反应所用的催化剂和溶剂是两个重要的因素。

（一）寻找安全有效的催化剂

由于催化剂在化学反应中起到加快反应速率、降低反应温度、压力等多种作用，几乎所有的化学化工过程均要使用催化剂。在石油炼制的烃类裂解、重整、异构化等反应及石油化工的烯烃水合、芳烃烷基化、醇酸酯化等反应中，常采用氢氟酸、硫酸、三氯化铝、磷酸、三氟化硼等作为催化剂[31]，这类酸催化反应都是在均相条件下进行的，在工业生产中存在许多缺点，如在工艺上难以实现连续生产，催化剂不易与原料和产物相分离，催化剂对设备有较大的腐蚀作用，对环境造成污染，危害人体健康和社区安全等。这就需要研究开发环境友好的催化剂来取代这些传统的催化剂。

1. 活性组分的负载化

克服这些酸催化剂的缺点的方法之一，就是使其负载化，或均相催化剂的多相化。把这些液体酸固载在蒙脱土等类多孔性固体物质上，使有毒有害催化剂转变为环境友好催化剂。

例如，传统的 Friedel - Crafts 反应常用氢氟酸、硫酸或三氯化铝、三氟化硼等作催化剂，最常采用的是三氯化铝。三氯化铝虽然有容易获得、价格便宜等优点，但它有如下缺点：(1)必须在无水条件下操作，遇水就会释放出 3mol 氯化氢；(2)有腐蚀性，难于操作；(3)在烷基化反应中，由于会生成多烷基化产物和其他异构化副产物，故一烷基化产物的选择性不高；(4)在酰基化(酰化、苯甲酰化、磺酰化)反应中，由于产物分子的复杂性，需要大于化学计量的三氯化铝；(5)产物复合物的分解需要加入水，从而释放出大量的氯化氢，也会产生不纯有机氯化物。

把三氯化铝负载于蒙脱土上后，构成负载型催化剂，如 K10 $AlCl_3$，用于芳香族化合物的烷基化反应，不但具有与传统三氯化铝同样高的催化活性，且其单烷基化选择性还高于三氯化铝及其他传统催化剂。在这一催化剂的制备过程中，溶剂的选择、载体的选择、三氯化铝的负载量等均对催化剂的活性和选择性有很大的影响。通过简单的过滤就可使催化剂复原，重新投入使用。

又如，把氯化锌负载于蒙脱土上，得到一种新型的傅氏反应催化剂，已构成了一种新的工业催化剂的基础[29]。

2. 用固体酸代替液体酸

用固体酸代替传统的液体酸也是使有毒有害催化剂转变为绿色催化剂的有效方法。利用酸性白土、混合氯化物、分子筛等代替液体酸是酸催化上的一大转折，这不仅可以在一定程度上缓解或彻底解决均相反应带来的不可避免的问题，而且由于可在高达 700 ~ 800K的温度范围内使用，大大扩展了热力学上可能进行的酸催化反应的应用范围。

例如，在 Friedel - Crafts 酰基化反应中，传统方法需要用腐蚀性的、易水解的无水三氯化铝催化剂，依此法生产1t酰化产物将同时生成3t对环境有害的酸性富铝废弃物及蒸气。为克服传统酸催化剂带来的对环境的危害，学术界和化工界致力于发展环境友好的催化剂，比较成功的有无毒的 Envirocats 系列[29]。其中多相催化剂 Envirocat EPZG 用于催化对氯二苯甲酮的合成反应。对氯二苯甲酮为一合成药物中间体，由苯与对氯苯甲酰氯经傅氏反应生成：

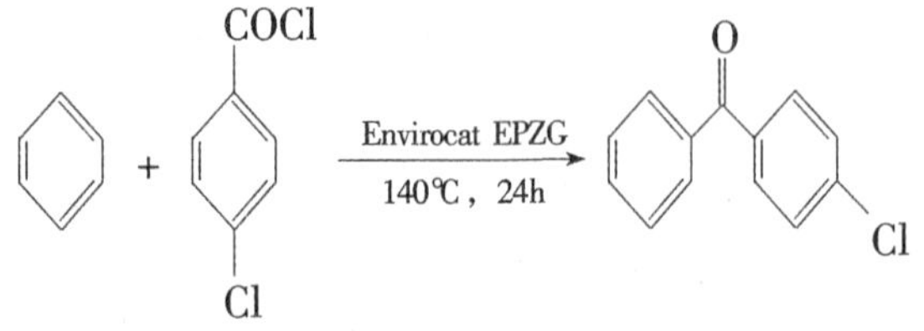

用该催化剂取代传统的三氯化铝，催化剂用量降为原来的1/10，废弃物氯化氢的排放量减少了3/4，而产率比传统方法有较大提高，增大到70%，且产物选择性增大，邻位产物量极少。

又如，由苯与乙烯烷基化生成乙苯的反应，传统方法是利用三氯化铝、三氟化硼、氢氟酸作催化剂，其工艺存在设备腐蚀严重、操作条件苛刻、收率低、脱氯化氢、氯代烷烃困难、催化剂与反应物产物难于分离、有废水需要处理、氢氟酸有毒等诸多缺点，而 Mobil 公司与 Badger 公司共同开发的渗磷 ZSM－5 分子筛克服了上述缺点[30]。再如，中国石油化工股份有限公司石油化工科学研究院[16]研制成功的钴－β－沸石－氧化铝固体酸催化剂用于苯的烷基化反应也很好地克服了液体酸的缺点。

（二）寻找安全有效的反应介质

在化学反应中，大量使用溶剂作为反应介质，同时分离过程、制剂过程等也要使用溶剂。许多情况下，化学化工过程中都要用到有机溶剂，而仔细研究就会发现，这些有机溶剂不仅危害人体健康，对水、大气也有污染。例如，在从蒸汽裂解 C_4 馏分中抽提丁二烯时，有一些工厂仍在使用剧毒的乙腈作溶剂，有一些工厂则使用有毒的二甲基甲酰胺(DMF)作抽提剂。丁二烯聚合生产顺丁橡胶时，使用有毒的甲苯作溶剂。在一些国家，油漆、涂料仍使用 C_9、C_{10}芳烃作溶剂，由于 C_9、C_{10}芳烃有毒性，经常发生油漆工人中毒事件。因此，为了减少对人、对环境的危害，必须研究对人、对环境友好的溶剂。当前绿色化学研究中，在溶剂方面最活跃的是以超临界流体(SCF),特别是超临界二氧化碳、超临界二氧化碳＋水以及水作溶剂的有机反应。

1. 采用超临界流体作为反应介质

通常，超临界流体具有价格低廉、无毒无害且其性质可调节等特点。由于超临界流体在不同的超临界区域内有不同的流体性质，可以通过控制超临界流体的超临界条件来调整其性能，以满足化学反应所需要的介质条件。

Tanko 等[1]用超临界二氧化碳作溶剂，研究烷基化芳香族化合物的溴化反应时发现，与传统溶剂体系相比，对一些反应而言，卤化反应的收率和选择性都与传统溶剂一致；而对一些反应，其产率和选择性均高于传统溶剂。使用超临界二氧化碳作溶剂需要克服的一个问题是许多物质在二氧化碳中的溶解度较小，采用二氧化碳中的表面活性剂等研究已取得较大进展[31]，为广泛使用二氧化碳作溶剂开辟了道路。

我国在二氧化碳作溶剂方面也开展了一些研究工作。例如，中国科学院广州化学研究所在烯烃羰基化反应中进行了二氧化碳既作溶剂又作反应物的研究，取得了可喜的结果；在丙烯酸自由基聚合反应中，使用二氧化碳作溶剂，通过链转移和交联剂控制聚合物相对分子质量及相对分子质量分布取得了比较理想的效果。

中国科学院广州化学研究所用二氧化碳作溶剂，四氢呋喃作共溶剂，研究了2,5－对二十烷基苯乙烯和丙烯酸的聚合反应，取得了一些新的结果[4]。

2. 水作溶剂的两相催化法

在采用安全无害溶剂方面，另一个重要的研究方向就是采用以水作溶剂的两相催化方法[32,33]。利用水溶性均相络合催化剂，催化剂在水中有很大溶解度，它和有机反应物组成两相催化体系，反应在有机相和水相的界面上进行，利用催化剂中心原子配体性质、表面活性剂等，使体系在两相界面上形成胶束，以增大两相接触界面，并增大界面上反应物的局部浓度，利用胶束的结构效应还可控制产物的立体选择性。这样，不仅反应条件温和、活性高、选择性好，反应之后有机相与水相也极易分离；同时，用水作溶剂也避免了有机溶剂对环境的污染。例如，丙烯的氢甲酰化反应，传统方法是采用钴催化剂，在高压下进行反应。

$$CH_3CH{=}CH_2 + H_2 + CO \xrightarrow[\text{高压}]{\text{钴催化剂}} CH_3CH_2CH_2CHO \qquad 90\%$$

同时，产物与催化剂分离也较困难，钴还要造成一定的污染。但采用铑(Rh)和钯(Pd)的水溶性配合物作催化剂进行两相反应，不仅克服了上述缺点，生成正构醛的选择性也由90%增大到98%。

$$CH_3CH{=}CH_2 + H_2 + CO \xrightarrow[H_2O]{Rh/TPPTS} CH_3CH_2CH_2CHO \qquad 98\%$$

反应式中TPPTS为三苯基膦三磺酸钠。

第六节　绿色化学十二原则[34]

一、不让废物产生而不是让其生成后再处理

通常，制造和使用化学品均有其正常的成本，必须支付原料和试剂的费用。最近20几年来，化学物质的储存和处理费用也十分可观，物质越危险，处理费用就越高，不管是实验室小规模研究还是大模工业生产，情况均如此。

据悉，美国许多大化学工业公司用于研究和开发的经费与其用于环境保护和安全的费用相当。由此可以看出，使用和生产危险物质的费用“受害者”之一正是化学科学和化学工业。化学科学和化学工业的成长和新发明由于上述费用而受到抑制。大学和研究院所均受到来自环境的挑战，他们也需要处理化学实验室教学和科研过程中产生的废物。

处理危险物品的费用一直呈上升趋势。而目前这一费用还必须计入生产成本之中，除非可以预防。而要想不付出这一代价，唯一的办法就是利用绿色化学技术，通过化学设计避免使用和产生有害物质。只有这样，才有可能最大程度地减少费用，比如，工程

控制费、个人劳保费用，等等。

通常考虑是否需要处理化学物品的标准是废物的产生是否造成了“破坏”。在多数情况下，“破坏”就是无用地使其转化，耗能、耗费钱、耗费时间来使其与产物分离，然后将它们抛弃或减少其危险性。当使用了可避免使用的危险品，就产生了“危害”。

最常见的废物之一就是未转化的原料和试剂。原料作为废物排放是很不经济的，同时也会造成环境污染。原料作为废物排放，要为之付出了双倍的代价。首先要花钱购买这些原料，然后又要用钱把它(废物)处理掉。而且，通常处理“废物”的费用又往往数倍于其作为原料时的费用，因此实际上付出的不止是双倍的代价。

如果一个过程产生废物，比如说目标产物以外的副产物，就说明需要分离、处理和放置“危险”品，需要采取特殊防范措施。这些费用均应计入成本中。

因此，在可能情况下，应尽可能把污染消除在源头，即不让其产生，而不是让其产生以后再去处理。

二、最有效地设计化学反应和过程，最大限度地提高原子经济性

20世纪的传统化学通常没有考虑化学反应的原子经济性，而且也并不在意化学反应式标明的合成过程的副产物等。下面分析一下常见反应的原子经济性。

1. 重排反应

重排反应是组成分子的原子重组为新的分子的反应，反应物中的原子全部进入新的分子。因此，这类反应往往有很高的原子利用率(通常为100%)，是原子经济反应。

2. 加成反应

加成反应是新元素加到反应物上的反应，通常其原子利用率为100%，因此它也是原子经济反应。

3. 取代反应

取代反应必然有一离去的基团，而被取代的离去基团必然是废物，故不是原子经济反应，其原子利用率根据底物和试剂的大小而定。

4. 消去反应

消去反应中原子的数目要减少，因此也不是原子经济反应，消去的原子就作为废物消耗掉了。

由上，从资源的有效利用、原子经济性方面考虑，应尽可能采用重排反应和加成反应，尽可能不采用取代反应和消去反应。对一些复杂反应，则通过改变反应原料等方式，使其由各种加成反应和重排反应组合起来，在实在需要使用取代反应和消去反应时，应尽可能使离(消)去基团变小，使离(消)去产物对人类和环境无害；另外，也可以通过反应偶联，采用封闭循环等方法，实现过程的整合，把废物消耗在过程中。

三、尽可能不使用、不产生对人类健康和环境有毒有害的物质

绿色化学的基础就是要尽可能减少危险品的使用。过去，曾采用限制使用、制定使用规则或减少化学品使用的方法来保护环境，而绿色化学则是要在满足人们使用化学的要求的前提下给出解决这些问题的方案。

在为了环境效益而设计化学品时，必须考虑危险品。只有两种方法可避开被危险品伤害的危险：减少与危险品的接触或消除危险品的使用。可采用多种方法来减少接触，比如穿防护衣、工程控制、戴防毒面罩，等等。有人认为，在评价和设计化学品时不应考虑危险品，其原因是：他们是化学专家，知道怎样处理危险品，他们可以使用他们需要的一切物质，而不管其是否有毒害。这一观点是不正确的。必须考虑危险品有多种原因：首先，不可能在不增加费用的情况下控制与危险品的接触。所有的预防方法，比如穿防护衣、工程控制等均需要费用，这样就增大了成本。其次，一旦控制失败，人就有极大危险。其三，目前我们还没有足够的能力控制，但已有了一些有效的控制方法。其四，别无选择，必须这样做。

四、尽可能有效地设计功效卓著而又无毒无害的化学品

（一）设计更加安全的化学品是可能的

通过分子结构的有关知识，化学家能够比较准确地确定化合物的特性。并已发展了一些可行的估计和测量化学品性质的方法。另一方面，毒物学家和药学家也已开发了其他有效工具，利用化学结构知识来表征分子的毒性。

设计更加安全的化学品的目的，就是要在获得最大功效的前题下，把毒性和危险性降到尽可能低的程度。由于目前已能有效地表征分子结构，而且对化学毒性的认识也有了很大的进步，所以设计更加安全的化学品是可能的。通常，我们直接测量化学品的性质，以考察它是否能满足设计的要求。而要鉴别出分子中什么因素导致分子有毒并不容易。前人在鉴别物质对人体和环境作用机理方面已做了大量的工作。弄清了作用机理的细节，就可以改变分子结构，使毒害反应不再发生，从而减少毒性。

（二）设计更加安全的化学品的方法

（1）如果知道了某种物质的毒性机理，知道了是由某种反应引发的毒性，就可以改变和修饰该物质的结构，使其“致毒反应”不致于发生。当然，修饰后，分子的功能不能发生改变。

（2）如果并不知道毒性的确切机理，仍可以关联分子的化学结构和毒性。此时，要设法除去分子中的“毒效”基团。

（3）减少分子的“生物药效性”也是设计更加安全有效的化学品的方法之一。如果一种物质是有毒的，但不能被生物器官(如胃、肺、肝等)吸收或不能达到这些生物器官，则它就不能表现出其毒性，因此就变成了无危险的物质。我们有多年传统知识的积累，知道怎样改变一个分子的物理和化学性质，比如水溶性、极性等，这样，就可以控制分子使它难于或不被生物器官吸收，从而在通过消除和降低“生物药效性”的同时，降低了毒性。因此，在改变分子的性质从而减少其“生物药效性”的同时又不影响所需要的分子的功能和对分子的使用，使分子既“有效”又“无毒”。

五、尽可能不使用辅助物质，如须使用也应是无毒无害的

（一）辅助物质面临的困境

1. 辅助物质的普遍使用

在化学品的制造、加工和使用过程中，几乎每一步都要使用辅助物质。辅助物质可

定义为能帮助处理和操作的化学品，但又不构成目标分子的物质。使用这些物质是为了在合成和生产过程中克服某些障碍。人们广泛使用多种辅助物质，但却很少自问，这些辅助物质的使用是否是必须的。比如溶剂和分离试剂就属于这种情况。大部分情况下，这些辅助试剂对人和环境都有一定害处。

2. 溶剂问题

使用溶剂时，必须考虑许多问题。卤化物，如氯代甲烷、氯仿、全氯乙烯、四氯化碳等是普遍使用的溶剂。但目前的研究均发现，这些物质是致癌物。苯及其他芳香族化合物，其对人的毒害机理虽与这类物质不同，亦仍具有使人和其他动物受毒害而致癌的作用。但由于它们具有良好的可溶解其他物质的能力，故已广为使用，其代价是对人和动物的健康造成上述伤害。

3. 溶剂对环境的影响

上述溶剂的使用不仅对人和动物的健康有直接的伤害，同时，其影响还会延伸到环境和生态系统。如前所述，氟氯烃的使用是造成臭氧层被破坏而产生著名的臭氧空洞的重要原因，而氟氯烃对人体和其他动物的直接伤害并不算大。

挥发性有机化合物(VOC)，即烃类及其衍生物被广泛用作溶剂。这类物质的环境效应是光化学烟雾等。

（二）消除辅助物质危害的方法

1. 采用超临界流体

如前所述，采用超临界流体，比如超临界二氧化碳不仅使体系变得无危险性，而且反应选择性大为提高，同时分离问题也变得容易了。

2. 非溶剂化

不用溶剂，无论对人体健康还是对环境来说，好处均是十分明显的。许多企业和科学家均在发展使反应原料同时充当试剂和溶剂的方法，以避免溶剂的使用。另一方面，对其他一些体系，则让反应在熔融状态下进行，也避免了溶剂的使用。

3. 水作溶剂

水是地球上最无害、最安全的溶剂，通过选用适当的催化剂，以水为溶剂，可同时解决产物分离和环境污染问题。

4. 固定化

许多溶剂对人的健康和环境有危害，主要是由于它们能挥发，从而与人的接触产生毒害效应，污染空气。解决这一问题的方案之一就是寻找固定化的溶剂，使物质的溶解性能保持不变，但是却不再具有挥发性，因而就不会再危害人体健康及污染环境。例如，可以把溶剂分子固定在固体载体上，或者使溶剂分子与高聚物的骨架链接。有时，新的高分子化合物本身就有溶解性，可作为溶剂。

六、在考虑环境和经济效益的同时，尽可能使能耗最低

（一）化学工业中能量的普遍使用

能量的产生和消耗均伴有环境效应。在获得能量，把物质转化为能量、把已存在的能量转化为社会可用的其他形式方面，化学均起着十分重要的作用，很显然，必须找到

一种可持续使用能量的方法。在目前情况下，工业化国家的工业用能十分巨大。

1. 预反应过程使用能量

对于需要能量输入才能发生的反应，其处理方式大致相似。如果反应物和试剂在某溶剂中有很好的溶解性，通常将反应混合物加热回流一定的时间，或回流直至反应完全。通常并不分析是否有必要加热。

2. 用热能加速化学反应

要让一个反应进行到其热力学允许的程度，通常是提供热能以达此目的。而热能通常是用于克服反应的能垒的，使用催化剂可以降低反应的能垒，因此，采用合适的催化剂可以降低能耗。

3. 用冷却方法控制反应

有时，反应放热太剧烈而需要用冷却的方法对其进行控制。这种控制化学反应的方式在研究特快速反应时通常是必须的。在化学品生产过程中，为防止反应失控而引发事故，也需要降低反应的速率。冷却同样要消耗能量，增大成本。

4. 分离需要的能量

分离和纯化是化学工业最耗能的工艺之一。例如，用蒸馏、重结晶或超滤分离纯化时，就需要大量的能量来使产物与杂质分离。通过设计尽可能减少这些过程，也就减少了能耗。

（二）新的能量利用方式

1. 微波

利用微波能量可加速化学反应，尤其是可将以前在溶液中进行的化学反应转变为固相化学反应。这样不仅避免了溶剂的使用，同时也减少了能耗。

2. 声纳

某些类型的反应，如环加成反应、周环反应等，可被超声声子催化，利用这一技术，化学反应的环境条件大为改变，当然这一部分能耗也应计入成本之中。

3. 光化学反应和辐射促进化学反应

采用光和其他形式的辐射的方式促进化学反应的进行，是合理利用能量的另一种新的方式。

（三）优化反应条件，使能耗最小

化学总是力图“优化”一个反应或一个反应途径。通常，“优化”是指提高反应物的转化率或产物的产率，并不“考虑”上述能量因素的“优化”，而将能量平衡的问题留给负责工艺过程的工程师。然而，能量的使用就像有毒有害物质的使用，废物的产生等问题一样，化学家在设计反应时，对体系的能量需求有很大的影响力。只有通过反应体系的设计、调整和优化才能从根本上改变反应的能量需求。因此，在可能情况下，化学家在设计反应过程和反应体系时，应考虑如何把能耗降到最小。

七、技术和经济上可行时应以可再生资源为原料

对于可再生资源的使用，从科学、工业和环境方面看均有重大意义。“可重复使用”与“一次性”是由时间尺度来确定的。通常，“一次性原料”指的是化石燃料，尽管化石燃

料从长远的角度来看也是可再生的，比如用几亿年也可将植物转化为石油，但这时间太长了，对人类来说是不实际的。当然事实上，太阳也是一次性能源，但从时间尺度上看，太阳可延续上亿年，因此我们将其看作取之不竭的能源。

可重复使用的原料常指生物，主要是植物原料，但只要在人的寿命尺度内可再生，就可认为是可再生资源。二氧化碳可从普遍存在的资源产生，故可认为是可再生资源。许多天然物质也可在人的寿命尺度内转化为甲烷，故可认为甲烷也是可再生资源。

八、应尽可能避免衍生反应

（一）合成化学受到的挑战及目前的对策

目前，合成化学尤其是有机合成化学的原理和技巧已变得越来越复杂，需要解决的问题、克服的困难越来越多，比如要进行立体化学控制，要在不稳定基团的存在下进行化学反应，等等。要解决这些问题，通常需要对反应分子进行修饰，或衍生为其他物质，以实现需要的转化。

（二）保护基团

利用保护基团是合成化学上常采用的技术之一。在要使分子的某一部位发生反应时，分子中的敏感部分(活泼部分)也可能随之发生反应，而这一反应又是我们不希望的，就需要引入保护基团把活泼部分保护起来。一个典型例子就是羟基的保护。当要使某分子的某部分发生氧化反应时，其上我们想保留的羟基也会跟着被氧化，这时我们就是使该羟基反应生成苯醚，然后再进行氧化反应。此时，醚键不会被氧化，待氧化反应完成后，再使该醚键断裂，重新生成羟基。这种类型的反应在精细化学品、药物、杀虫剂、染料等的合成中均极为常见，生成苯醚和使苯醚键断裂均需要使用氯苯(有害),同时使羟基复原时它又变为废物。

（三）成盐

通常，为了达到某种宏观效果，比如粘度、分散性、蒸气压、极化性、水溶性等，需要加入一种物质与体系混合，但当其功能完成母体化合物再生后，这些物质又变成了废物。

（四）加上一个离去功能团

在进行合成设计时，化学家总是力图使每一反应都有很高的选择性。比如，分子中有多个反应位，聪明的方法就是使反应仅在我们希望的位置发生。完成这一目标的方法就是先使该反应位衍生成对另一反应物更有吸引力的基团并更易于离去。例如，常用卤素衍生物来进行亲核取代反应，卤素的存在使得该反应位更易于亲核取代反应发生，因卤素的吸附性使该位置带更多的正电荷，同时，卤素又是很好的离去基团。当然，这里又会产生含卤素的废物。

九、尽可能使用性能优异的催化剂

由反应物 A 与反应 B 按化学计量式反应生成产物 C，A、B 中的所有原子进入 C，且无需其他试剂，这样的反应为数不多。这种原子经济反应对环境是友好的。通常计量化学反应伴随着如下情况：

（1）其中一种反应物A或B是控制试剂，即使得到100%收率时，也有未反应的原料存在。

（2）仅有反应物A或B，或者A和B中的少部分原子进入产物，因而自然生成废物。

（3）需要另外的试剂来使反应顺利进行，但反应完成后，这些试剂要丢弃于废物中。

正是由于这些原因，催化作用有时能对化学计量反应产生巨大的有利影响，因催化剂本身并不消耗，且不出现在产物中。

催化剂具有以下作用：

（1）催化剂提高选择性。催化剂可控制反应(如加成反应,氧化反应等)进行的程度，提高选择性。催化剂可控制反应，如C上甲基化、O上甲基化等，提高选择性。催化剂可控制立体选择性。

（2）催化剂降低能耗。

十、应设计功能终结后可降解为无害物质的化学品

在考虑化学品与环境的关系时，一个重要问题就是其“持续性”和持续生物聚集性。当把化学品弃于环境后，它们会保持其性状且被植物或动物物种吸收而发生聚集，而且这一聚集对该生物物种有一定危害。目前，人们在生产某一化学品时对这一问题考虑得很少。

（一）塑料在环境中的持久性

历史上，人们曾经认为耐久性和长寿命是塑料的优良特性，其结果是在废渣埋填地、海洋和其他水介质中，塑料均引起了环境污染。因此，目前关于可生物降解塑料的研究十分活跃，颇受关注。

（二）杀虫剂

许多杀虫剂均是有机卤化物。这些药剂虽然有效，但也趋向于在许多种植物和动物物种中聚集，通常是在脂肪组织和脂肪细胞中聚集。这会造成对这一物种本身以及消费这一物种的人类的危害，DDT就是第一个被发现有这一特性的杀虫剂。

（三）像设计分子的其他功能一样，把降解作为一个功能加以设计

化学品应具有某些使用功能，同时还应具有可降解这一功能。

（四）生物降解性设计

可通过在分子结构中引入特殊功能团来促使其降解，比如引入可水解、光解或其他因素引起的化学键断裂基团以保证分子可生物降解。在设计可生物降解性能时，应考虑降解后的产物是什么，降解产物的毒性如何。如果降解产物对人的健康和环境有害，则这种降解就不可能达到绿色化学的目的。

十一、应发展实时分析方法，以监控和避免有毒有害物质的生成

这一问题受到如下原理的制约：“我们不能控制我们不能监测到的物质”。要完成这一使命，就需要精确可信的敏感元器件，监测器件和分析技术。同时，要满足绿色化学的需要，就需要发展在线的，与时间有关的分析技术。这样当有极少量有毒物质生成时

就可反馈而调节过程参数，以减少和消除这些物质的生成。

另一关于分析化学应用的例子是监测反应是否已进行完全。在许多情况下，要向反应体系连续加入反应试剂直到反应进行完全，如有实时的在线分析方法，就可避免因加入过量的试剂而造成废物污染。

十二、尽可能选用安全的化学物质，最大程度地减少化学事故发生

在化学和化学工业中预防事故发生的重要性是不言而喻的。在进行化学品和化学过程的设计时，应同时考虑其毒性、爆炸性、可燃性等。绿色化学应考虑广泛的危险性，而不仅仅是污染和生态毒性。

在预防污染、减少废物产生的过程中，可能不经意地增大了发生危险的可能性。有时，为防止污染而回收溶剂，这可能有许多益处，但同时也增加了引发事故或火灾的可能性。因此，一个过程应在预防污染与预防事故发生之间找到平衡点。

在设计更安全的化学品和化学过程方面可采用的方法包括，使用固体或低蒸气压的物质，而不用可挥发性物质及气体；不直接使用卤素单质，而采用更加无危害的方法引入卤素。

“实时技术(just - in - time)”，即让有毒有害的物质在生成的同时就以很快的速度消耗掉。这样，化工厂就不用建造存放危险品的仓库，也就大幅度降低了危险性。

参 考 文 献

1 Anastas P T, Williamson T C. Green Chemistry—Designing Chemistry for the Environment. Washington: American Chemical Society, 1996

2 Anastas P T. Green Chemistry, Theory and Practice. London: Oxford University Press, 1998

3 Anastas P T, Williamson T C. Green Chemistry, Frontiers in Benign Chemical Synthesis and Processes. London: Oxford University Press, 1998

4 闵恩泽，傅军. 绿色化学的进展. 化学通报，1991，1:10～15

5 吴毓林，陈耀全. 化学迈向辉煌的新世纪. 化学通报，1999，1:3～9

6 杨宏秀. 21世纪的化工发展趋势. 化学通报，1999，10:39～42

7 美国国家研究委员会，化学科学与技术部，催化科学技术新方向专家组著. 催化展望. 熊国兴，陈德安译. 北京：北京大学出版社，1993

8 Sheldon Roger A. Organic Synthesis——Past, Present and Future. Chemistry & Industry, 1992, (7, Dec): 903～906

9 曾庭英，宋心琦. 化学家应是“环境”的朋友. 大学化学，1995，10(16):25～31

10 Trost Barry M. The Atom Economy——A Search for Synthetic Efficiency. Science, 1991, 254: 1471～1477

11 Trost Barry M. A Biological Catalysis for Synthetic Efficiency. Pure & Appl Chem, 1992, 64(3): 315～322

12 Rouhi A Maureen. Atom Economical Reactions Help Chemists Eliminate Waste. C & EN, 1995, (19, June): 32～35

13 Stephen C Devito and Roger L Carrett. Designig Safer Chemicals. Washington: American Chemical Society, 1996

14 朱清时. 绿色化学的进展. 大学化学，1997，12(6):7～11

15 朱清时. 绿色化学和新的产业革命. 现代化工，1998，1:4～6

16 段启伟，闵恩泽，何鸣元. 绿色技术在石油化工中的应用研究进展. 石油化工，2000，29(7):530～534

17 Kazuhiko Sato, Masao Aoki, Ryoji Noyri. A Green Route to Adipic Acid: Direct Oxidation of Cyclohexanes with 30 Percent Hydrogen Peroxide. Science, 1998, 281: 1646 ~ 1647

18 Draths K M, Frost J W. Synthesis Using Plasmid – Based Biocatalysis: Plasmid Assembly and 3 – Deoxy – D – Arabino – Heptuloscnate. J Am Chem, Soc, 1990, 112: 1657 ~ 1659

19 Draths K M, Frost J W. Genomic Dirction of Synthesis During Plasmid – Based Biocatalysis. J L Am Chem Soc, 1990, 112: 9630 ~ 9632

20 Draths K M, Frost J W. Conversion of D – Glucose into Catechol: The Not – So – Common Pathway of Aromatic Biosnythesis. J Am Chem Soc. 1991, 113: 9361 ~ 9363

21 朱清时.化学的绿色化和绿色植物的化学转化.绿色化学.合肥:中国科学技术大学出版社,1998

22 Lifeng Yan, Qingshi Zhu and Tomiki Ikeda. Ethyl Cellulose Films as Alignment Layers for Liquid Crystals.绿色化学第三届国际高级研讨会论文摘要集,2000.104 ~ 108

23 Yuzhong Zhang, Jie Liu and Peiji Gao. Exploring the Superstructure of Nature Cellulose and its Structural Changes During Biodegadation by STM Approach.绿色化学第三届国际高级研讨会论文摘要集,2000.109 ~ 120

24 朱时清,阎立峰.单分子生物多糖力学性能的 AFM 研究.绿色化学第三届国际高级研讨会论文摘要集,2000.163 ~ 167

25 谢君,任路,刘尚旭,余风燕、董佳里,张义正.白腐菌产生木质纤维素降解酶的研究.绿色化学第三届国际高级研讨会论文摘要集,2000.168 ~ 172

26 刘尚旭,董佳里,张义正.新的木质素降解酶产生菌的筛选.绿色化学第三届国际高级研讨会论文摘要集,2000.177 ~ 180

27 Wender P A. Introduction: Frontier in Organic Synthesis. Chemical Review, 1996, 96(1): 1 ~ 2

28 刘昌俊,张悝,许根慧.催化等离子体合成燃料油及与费 – 托合成的比较.第七届全国青年催化学术会议论文集,1999.439 ~ 440

29 黄培强,高景星.绿色合成:一个逐步形成的学科前沿.化学进展,1998,10(3):265 ~ 272

30 吴越.取代硫酸、氢氟酸等液体酸催化剂的途径.化学进展,1998,10(2):158 ~ 171

31 Jocelyn Kaiser. Supercritical Solvent Comes Into Its Own. Science, 1996: 158 ~ 171

32 陈华,黎耀忠,李东文,程溥明,李贤均.化学进展,1998,10(2):146 ~ 157

33 李贤均,陈华,黎耀忠. Molecule Assembly in Micellar Interface and High Regioselectivity of Olefen Hydraformylation in Biehasic Catalytic System. 4th Annual Green Chemistry and Engineering Conference, Washington D.C., USA. 2000

34 Anastas P T, Bartlett L B, Kirchhoff M M, Williamson T C. The Role of Catalysis in the Design, Development and Implementation of Green Chemistry. Catalysis Today, 2000, 55: 11 ~ 22

第三章 设计安全无毒化学品的基本原理和方法

第一节 设计安全无毒化学品的一般原则

一、设计安全无毒化学品的一般原则

在第二章曾经提到，要从源头上消除污染，首先必须保证我们需要的物质分子是安全有效的，这就需要对我们要求具有使用功能的分子进行设计，使其具有所要求的使用功能，同时对人类、对环境无害。具体来说，就是使其不能进入机体，若实在无法避免其进入机体，则要求它对机体内正常的生物化学和生理过程不产生有害的影响。由于生命机体具有复杂多样和动态的特性，因此这是一个难于战胜的挑战。作为物质分子的设计者，化学工作者必须掌握许多设计安全无毒分子的方法，同时还必须掌握分子化学结构与其生物效应之间的全部细节，这样，才能在分子水平上进行仔细的结构设计以避免有害的生物效应。另外，化学工作者还必须考虑分子结构与分子释放于环境后的行为的关系，即降解后的结构变化，在空气、水、油中的分散性和在环境中可能引发的直接有害效应和间接有害效应。这些有害效应包括对生命机体、对环境的直接有害效应和间接有害效应，比如酸雨、臭氧层破坏和全球变暖等。只有充分掌握了这些关系，才能采用结构设计方法进行有效设计，在保持分子具有我们要求的使用功能的前提下，除去其对人类、对环境的有害生物效应。

在设计安全有效的化学品时，一般要考虑两个方面的问题，即物质分子对包括人、动物、水生生物和植物在内的机体的“外部(External)”效应原则和“内部(Internal)”效应原则，如表 3－1 所示。

表 3－1 设计安全有效化学品一般原则简表

一、“外部”效应原则——减少接触的可能性	1. 挥发性
(一)与物质在环境中的分布相关的物理化学性质	2. 油溶性
1. 挥发性/密度/熔点	3. 分子大小
2. 水溶性	4. 降解性质
3. 残留性/生物降解性	(1)水解
(1)氧化反应性质	(2)pH 值的影响
(2)水解反应性质	(3)对消化酶的敏感性
(3)光解反应性质	(三)对人、动物和水生生物吸收途径的考虑
(4)微生物降解性质	1. 皮肤吸收/眼睛吸收
4. 转化为具有生物活性(毒性)物质的可能性	2. 肺吸收
5. 转化为无生物活性物质的可能性	3. 肠胃系统吸收
(二)与机体吸收有关的物理化学性质	4. 呼吸系统吸收或其他特定生物的吸收途径

续表

(四)消除或减少不纯物 1. 是否会产生不同化学类别的不纯物 2. 是否会产生有毒或更毒的同系物 3. 是否会产生有毒或更毒的几何异构体、构象异构体和立体异构体 二、"内部"效应原则——预防毒性 (一)增大解毒性能 1. 增大排泄的可能性 (1)选择亲水性化合物 (2)增大物质分子与葡萄糖醛酸、硫酸盐、氨基酸结合的可能性或使分子易于乙酰化 (3)其他相关考虑 2. 增大可生物降解性 (1)氧化反应 (2)还原反应	(3)水解反应 (二)避免物质的直接毒性 1. 选择一类无毒的物质 2. 选择功能团 (1)避免使用有毒功能团 (2)让有毒结构在生物化学过程中消去 (3)对有毒功能团进行结构屏蔽 (4)改变有毒基团的位置 (三)避免生物活化 1. 不使用已知生物活化途径的分子 (1)强的亲电性或亲核性基团 (2)不饱和键 (3)其他分子结构特征 2. 对可生物活化的结构进行结构屏蔽

(一)"外部"效应原则

"外部"效应原则，主要是指通过分子设计，改善分子的与其在环境中的分布、人和其他生物机体对它的吸收性质等重要物理化学性质，从而减少它的有害生物效应。通过分子结构设计，从而增大物质降解速率、降低物质的挥发性、减少分子在环境中的残留时间、减小物质在环境中转变为具有有害生物效应物质的可能性等均是重要的"外部"效应原则的例子。另外，通过分子设计，从而降低或妨碍人、动物和水生生物对物质的吸收也是"外部"效应原则要面对的问题。不同的生命机体对物质吸收的途径不完全相同。对人类而言，吸收物质的途径有皮肤吸收、眼睛吸收、肺吸收、肠胃系统吸收、呼吸系统吸收等。生物聚集(Bioaccumulation)和生物放大(Bio - magnification,即随食物链向上一级进展,化学物质在组织中的浓度增大的现象),也是在进行分子结构设计时必须考虑的"外部"效应因素。众所周知，某些化学物质，比如氯代杀虫剂或其他氯代烃，可存留在多种生命机体中，并能聚集到致毒的水平。这一现象会在食物链中逐步加剧，因为鱼、鸟、哺乳动物等以这些食物链中的低级生命形式为食物，而人类则以鱼等为食物，因此，毒物可在低级生命形式中聚集，在更高一级的生命形式中被生物放大到更大的数量级，如此由低级生命形式传递到更高级的生命形式。"外部"效应原则也要考虑目标物质中可能产生的不纯物的性质，比如，在合成中是否会生成更毒的同系物、几何异物体、构象异构体、立体异构体或结构上不相关的不纯物。

(二)"内部"效应原则

"内部"效应原则通常包括通过分子设计以达到以下目标：增大生物解毒性(Bio - detoxication),避免物质的直接毒性和间接生物致毒性(Indirect Bio - toxication)或生物活化(Bio - activation)。增大生物解毒性包括把分子设计为本身是亲水性的或很容易与葡萄糖醛酸、硫酸盐或氨基酸结合，从而加速其从泌尿系统或胆汗中排出。要避免物质的直接毒性，就要把物质分子设计成无毒无害类化合物，或在分子中引入一些无毒功能团。这里我们要面对这样一个难题，即通常有毒功能团正是满足我们要求的功能的。间接生物致毒性或生物活化是指这样一种情况，即，物质在初始结构时并不具毒性，但它进入体内后，会转化为有毒的代谢物，许多致癌物质、诱变物质、畸胎性物质都是通过生物活化特征机理变为有毒物质的。

很明显，“外部”效应和“内部”效应原则在很大范围内为我们设计分子结构以消除或减少物质的毒性提供了研究机会。在进行分子设计时，还可以把“外部”或“内部”效应结合在一起来考虑。必须承认，要使物质的安全性与使用功能和谐地统一在分子内是一项十分艰巨的任务，但完成这一任务是获得成功的前提。要实现安全化学品的有效设计，就必须拥有关于物质分子结构与物质使用功能之间关系的数据库和相关信息。更为重要的是，必须在分子水平上拥有物质分子结构与其生物活性之间关系的信息，而最重要的是仔细整合这两类数据和信息从而在安全性与使用功能之间找到平衡点。要达到这一目标，现行的毒理学研究和化学教育体系必须改变，更多地加强多学科的合作和交叉。

二、建立设计安全有效化学品的基石

要使设计安全有效的化学品工作推广普及开来，学术界和工业界都必须从本质上改变自身，主要思路如下：

（1）加大宣传力度，让安全有效化学品的设计思想在学术界和工业界深入人心。

（2）建立关于安全有效化学品的设计这一概念的科学的、技术的和经济的可靠性。

（3）进一步加强对风险化学品进行仔细认真的分析和研究。

（4）在毒理学研究中进一步强调机理研究和构效关系研究。

（5）改革和修正化学教育体系和化学教学内容，在其中引入与安全有效化学品的设计相关的理论和实践性教学内容。

（6）化学界和工业界均要积极参与，努力开展这方面的工作。

关于安全有效化学品的分子设计，目前仍需要加大宣传力度，不仅使化学界，而且应使整个科学界和工业界都要意识到这一概念的重要性，进而为之努力工作。其次，要为本概念建立起科学的可靠性，展示它在技术上、经济上的可实施性。目前在这方面已有很多成功的例子。

学术界和工业界都应该把注意力集中到对人类、对环境有害效应的风险物质上来，不仅要研究对毒性本身的评价问题，而且要研究它们潜在的环境效应和对人类健康的影响。

毒理学研究应着重强调机理研究，即在分子水平上研究某一或某一类化学品是怎样在生命机体上发生毒性的。只有积累了这些数据和信息后，才能发展相应的原理和构效关系（Structure - Activity Relationships，简称 SAR）。这里的“效（Activity）”就是指化学物质对生命机体造成的生物化学影响，或称毒性。有了构效关系，才能进行相应的分子设计。

化学教育体系和教学内容要作相应的调整。传统的化学教育体系强调培训学生设计和构筑化学结构与商用功能之间的关系，除药物化学和杀虫剂化学外，很少触及化学结构与生物效应关系知识的教学。出于对安全有效化学品设计的需要，必须加强这方面知识的融合和交叉，培养复合型化学人才，如图 3 - 1 所示。

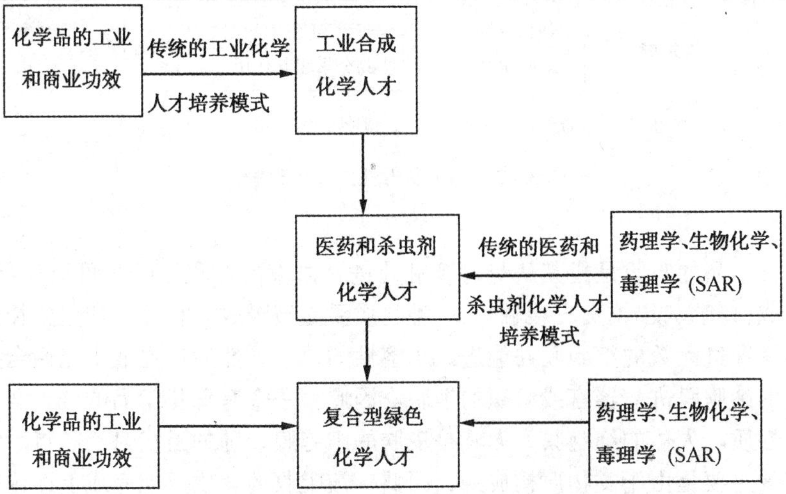

图 3-1　新型复合型绿色化学人才的培养模式与传统人才培养模式的对比

第二节　设计安全有效化学品的方法

一、毒理学分析及相关分子设计

要减轻化学物质的毒性或使其更安全，首先应充分了解其毒性机理。搞清楚了物质的致毒机理，就可以对分子进行结构修饰，从而在保证物质使用性能不变的条件下，直接或间接地减轻其毒性。在进行分子修饰时，主要考虑如下几点：即减少吸收，利用致毒机理消除毒性；利用构效关系消除毒性；利用后代谢原理消除毒性；用等效的无毒物质代替有毒物质和不使用有毒物质。毒性机理、构效关系、等空间置换、后代谢等方法已在药学方面有了广泛的应用[2]，这些方法也可应用于非医用化学品。

（一）化学品的毒性

有毒化学品可从三种途径对人、对生命机体致毒，即接触(Exposure)致毒、生物吸收致毒以及物质的固有毒性致毒。接触包括皮肤接触、嘴接触、呼吸系统接触等。生物吸收是指生命系统内对有毒化学品吸收的能力及吸收后在生命系统内的分布。物质的固有毒性是指有毒化学物质引起正常细胞性质改变的属性，通常由分子的部分结构引起，这部分结构通常称为“毒性载体”(Toxicophore)。一种物质毒性的程度与接触程度、生物吸收性和它引发的生理学过程在生命体内的重要性有关。有些物质没有直接的毒性，但由于其分子的特殊结构，它能在代谢过程中转化为有毒的物质，这种结构特征称为“产毒”(Toxicogenic)结构。不管是上述哪种情况，物质的毒性均来源于“毒性载体”与细胞生物分子活性位的相互作用。化学品“毒性载体”与生物分子相互作用称为化学品的“毒性动态学相”(Toxicodynamic Phase)。上述几个方面可由图 3-2 表示。

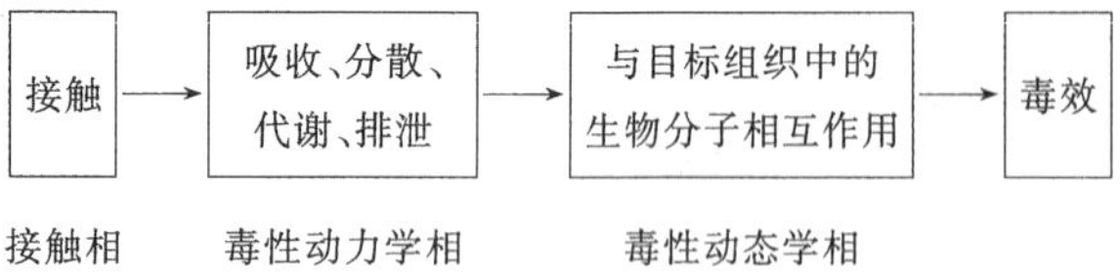

图 3-2 化学品毒性的发生过程

1. 吸收

人体对化学品的吸收是指其从与人接触处进入血液的过程。吸收可通过肠胃系统、肺和皮肤完成(口咽、吸入、真皮接触)。一种物质要能被吸收并在体内产生生物活性，其分子必然能够穿过无数的细胞膜并能进入水溶性的血液，然后在血液中流遍全身，再一次穿过无数的细胞膜进入器官或组织的细胞。因此，一个有毒化学品的分子必然具有上述物理化学性质。人体的细胞膜，尤其是皮肤的细胞膜、肺的上皮衬、肠胃系统、毛细血管、器官等主要是由脂类物质构成的，因此，被吸收的物质要能完成上述旅行，就必须具有良好的水溶性和脂溶性。事实上，有毒化学品的“毒性动力学(Toxicokinetic)”均直接或间接地与其在细胞膜或器官膜中的输运性质有关，而其输运性质又与其物理化学性质有关。在吸收问题上，器官或组织的解剖学因素和生理学因素也十分重要，如膜的表面积、厚度、血流速度等对吸收均有重大影响。如表 3-2 所示。

表 3-2 影响吸收和膜渗透的物理化学及生物化学因素

<table>
<tr><th colspan="4">物理化学因素</th></tr>
<tr><td colspan="4">分子大小，相对分子质量，水溶性，油溶性，状态(气、液还是固体)，分解常数，粒子大小，等等</td></tr>
<tr><th colspan="4">生物化学因素</th></tr>
<tr><th>接触途径</th><th>表面积/m²</th><th>吸收垒厚度/μm</th><th>血液流动速度/(L/min)</th></tr>
<tr><td>皮肤</td><td>1.8</td><td>100～1000</td><td>0.5</td></tr>
<tr><td>肠胃</td><td>200</td><td>8～12</td><td>1.4</td></tr>
<tr><td>肺</td><td>140</td><td>0.2～0.4</td><td>5.8</td></tr>
</table>

① 肠胃系统吸收

有毒化学品进入人体致毒的主要途径就是肠胃系统(Gastrointestinal Tract)吸收。许多环境毒剂进入食物链，与食物一道被食入从而被肠胃系统吸收，空气中的毒物则通过呼吸进入肠胃系统。影响肠胃系统吸收的主要因素是肠胃的表面积和血液流动速度。从表 3-2 可见，肠胃系统的吸收表面积是最大的，其血液流动速度是次大的。肠胃系统对物质的吸收主要由小肠和大肠来完成，小肠中的 pH 值为 1～2，即有较强的酸性，而大肠中的 pH 值则为 8 左右，即略带碱性。因此，改变 pH 值可改变碱性物质和酸性物质的吸收程度。酸性物质主要在小肠中吸收，而碱性物质则主要在大肠中吸收。严重影响物质在肠胃系统中吸收程度的物理化学性质有：物质的状态、固体物质粒子的大小、物质的水溶性和油溶性、分解常数、相对分子质量、分子大小等。物质必须有相当大的水溶性，才能溶解成为其自由分子的形式。液态物质、被溶解了的物质比固态物质更容易被吸收。盐类物质均有很大的水溶性，因此比中性物质更容易被吸收。对固体物质而言，颗粒越小越容易被溶解而吸收。在肠胃系统吸收中，油溶性越好的物质就越容易被吸收。当然还需要有一定的水溶性，仅溶于油而不溶于水的物质不易被肠胃系统吸收；

同样，仅溶于水而不溶于油的物质也不易被肠胃系统吸收。物质的相对分子质量越大就越不容易被吸收，一般认为相对分子质量小于300的分子容易被吸收，相对分子质量在300~500之间则吸收有一定的困难，相对分子质量大于1000的就基本上不能被吸收。

② 肺吸收

肺的功能是吸收氧气排出二氧化碳，从支气管到肺气泡这一段器官连续不断地重复呼吸产生很大的吸收表面积，肺还要接受来自心脏的全部血液，肺气泡细胞膜的厚度仅为0.2~0.4μm。肺的这些特性使其对氧气和其他物质的吸收均很快。由于肺气泡细胞膜太薄，物质要进入血液的路程很短，数秒内物质就可由肺转入血液，因此，水溶性物质的吸收量就会很大。颗粒度小于等于1μm的固体物质也很容易通过肺被吸收；2~5μm的颗粒则会残留在支气管区，可能与粘液一起被清除；大于5μm. 的颗粒 则通常残留在鼻咽中而不被吸收，但这些微粒也可能转移到肠胃系统而在此被吸收。

③ 真皮吸收

皮的功能主要是保护身体而不是吸收物质，因此其吸收表面、吸收血液流动速度均很小，且阻吸厚度最大。然而皮肤也是接触和吸收的重要器官。有毒化学物质要通过皮肤被吸收，它就必须穿过生皮的7层细胞膜才能进入血液和毛细血管，这7层细胞膜的厚度有100~1000μm。皮肤吸收的速度控制步骤是物质分子穿越最上一层(角膜)的扩散过程。穿越其余6层的速度均很快。液体因通常在皮肤表面上铺展从而有更大的接触面积，故它比固体更容易被皮肤吸收，而且油溶性好的物质通常更容易被皮肤吸收。但油溶性太好而水溶性差的物质也不容易被吸收，这是因为，这样的分子虽然很容易穿越角膜，但却不易再穿过余下的6层细胞膜。

2. 分散

所谓分散是指人体吸收有毒物质后，有毒物质在体内的运动情况。分散的速度由血液流动速度和从毛细血管向器官的扩散速度决定，通常均很快，许多物质吸收后分布于心脏、肝、肾、大脑及其他器官。物质分散于哪一个器官取决于它的物理化学性质。例如，油溶性不好的物质不容易侵入大脑，而油溶性好的物质就容易进入大脑。其他因素，比如，与血浆蛋白的结合程度，在脂肪组织中的聚集等性质对物质在人体内的分散情况也有重大影响。一种物质通常仅对一个或两个器官有毒性。这些器官称为该物质的目标器官(Target Organs),但该物质在其目标器官中的浓度不一定是最高的。

3. 代谢

人体具有区分无营养价值，甚至有害的所谓非食物(Non - food)化学物质(如工业化学品、药剂等)和有营养价值的食物(如维生素、碳水化合物、氨基酸等)的能力，因此，人体吸收物质后会试着以尽可能最快的速度释出无营养价值的部分。释出的大部分物质是通过大小便排泄出来的。与吸收和分散时不同，排泄需要更大的水溶性。故物质在吸收后能迅速通过细胞膜的物理化学性质对排泄也很重要。人体内还有能把吸收的物质转化为水溶性更大的、更容易排泄的物质的酶催化过程。这些催化反应过程通常就称为代谢(Metabolism)或生物转化(Biotransformation)。代谢的总目标是去毒，是一个把有潜在毒性的物质转化为可排泄物质的防御机制。因为陆生动物(包括人类)在进食时与食物一道吃进了许多陌生物质，因此，代谢陌生化学物质的能力已成为进化的需要。人体代谢陌生化学物质的过程中要发生两类化学反应，分别叫做Ⅰ相(Phase Ⅰ)反应和Ⅱ相(Phase Ⅱ)反应。在Ⅰ相化学反应中，陌生化学物质通过氧化、还原和水解等过程转化为极性更大的代谢物，从而更容易溶解于水，因而更容易排泄。在Ⅱ相化学反应中，内源代谢底物如葡萄糖酸盐、硫酸盐、乙酸盐或氨基酸与有毒陌生化学物质结合，生成水溶性更大的物质，从而更有利于排泄。在Ⅰ相反应和Ⅱ相反应中起催化作用的酶主要存在于肝的内质网状结构中，其他器官如肾、肺和肠胃系统中也存在这种酶。代谢过程中发生最普遍的反应是氧化反应，大部分催化氧化反应发生的酶是P450细胞色素，反应包含有羟基化的过程。水解反应、还原反应和结合反应的催化剂通常是酯酶、黄素和转化酶。有一些物质的代谢过程不起去毒作用，如前所述，事实上，一些物质本身并无毒性，但其代谢产物有毒物性。这一通过代谢作用，把无毒物质转化为有毒物质的现象，就是前述的生物活化(Bioactivation)。因此，在设计安全有效的化学品时，一个重要的工作就是控制物质的生物活化作用，即通过分子修饰，使其代谢产物不再具有毒性，使代谢过程不再是生物活化过程而是去毒过程。

4. 毒性动态学（Toxicodynamics）

毒性动态学相包括有毒化学物质分子与生物分子特定部位的相互作用过程及其引发的生物化学事件和生物物理事件，正是这些事件使我们最终观察到物质的毒性。通常毒物分子的某一部分(毒载体)与细胞大分子发生相互作用，使得原细胞的正常生物化学功能遭到破坏，这样就引发了毒性。这些细胞大分子可以是酶、核酸、蛋白质等，这种相互作用可以是毒物分子与细胞大分子受体部位键合，也可以是毒物分子与细胞大分子非受体部分键合。如果毒物分子与细胞大分子之间形成了共价键，则这一相互作用是不可逆的；若没有形成共价键，则这一相互作用是可逆的。这一相互作用确定了毒性产生的机理。

（二）通过分子修饰减少吸收

改变分子结构通常能减少或预防物质被肺、皮肤和肠胃系统吸收，因而其毒性也就大为降低。物质的物理状态、熔点、沸点、蒸气压、水溶性、油溶性、分子大小、相对分子质量等性质均对其吸收情况有很大影响，因此对其毒性大小也就有很大的影响。其次，吸收情况还与接触情况有关，故在设计化学品使其更难被吸收时，应根据其接触情况，即在其使用或向环境释放过程中，我们是会通过皮肤接触、吸入还是口服摄入等情况，来进行相关设计。

1. 减少肠胃系统吸收

如果某物质从口入的可能性很大，则应考虑对该物质分子进行修饰，减少其被肠胃系统吸收的可能性。比如：

(1) 通过分子修饰，增大其颗粒度或使其保持非离子化形式，可降低其从口入而被肠胃系统吸收的可能性。

(2) 通过分子修饰，增大其油溶性同时减少其水溶性，也能降低其从口入而被肠胃系统吸收的可能性。

(3) 设计修饰该物质分子，使其相对分子质量大于500，熔点高于150℃(对非离子性物质)或处于固态而不是液态，也是减小其从口入而被肠胃系统吸收的方法。

(4) 用多种取代基联合作用，使分子在 $pH \leqslant 2$ 时强离子化，其极性变得太强因而不能穿越脂肪膜，也可大幅度降低其吸收。

(5) 含有硫酸根的分子难于穿越生物膜，且有良好的水溶性，因此，即使发生部分吸收也易于排泄，这样也就降低了毒性。

2. 减少肺吸收

(1) 设计分子使其挥发性降低，即具备更低的蒸气压、更高的沸点，就可减少与该类物质接触时吸入的可能性。

(2) 设计分子使其具有更低的水溶性(或更高的油溶性)，或具有更高的熔点(>150℃)，或使其颗粒度大于 5μm 就可减少肺吸收。

3. 减少皮肤吸收

(1) 液体比固体更易被皮肤吸收，设计分子使其为固体而不是液体可减小皮肤吸收的可能性。

(2) 设计分子使其具有更大的极性或具有离子性(比如一种酸的钠盐、胺的盐酸盐等)，或具有更大的水溶性而无油溶性可减小皮肤吸收的可能性。

(3) 增大颗粒度或相对分子质量及分子大小也可减少皮肤吸收的可能性。

(三) 了解毒性机理后设计更安全的化学品

知道物质为什么会具有毒性对设计更加安全的化学品是很有帮助的。能分辩出毒性载体或其取代物，或者得到了关于毒性机理的知识，在设计更安全化学品时就更加主动。有了这些知识，就可推求减小毒性的结构修饰方法。

1. 含有亲电试剂物质的毒性机理

亲电性物质或代谢后形成的亲电性物质都会与细胞大分子如 DNA、RNA、酶、蛋白质等中的亲核部分发生共价相互结合。这些亲核部分包括：蛋白质中半胱氨酸残基中的巯基；蛋白质中蛋氨酸(甲硫氨酸)中的硫原子；精氨酸(Arginine)和赖氨酸(Lysine)残基中的一级氨基；或蛋白质中的二级氨基，如组氨酸(Histidine)；RNA 和 DNA 中的尿碱中的氨基。这种不可逆的共价相互作用会严重影响细胞大分子的功能，可引发多种毒性效果，包括癌症、肝中毒、血液中毒、肾中毒、生殖系统中毒、发育系统中毒等。

幸好，哺乳动物有多种防御系统，它会提供“自我牺牲”亲核试剂，来与亲电试剂结合。这些自然防御系统主要位于肝中，其他器官中也有，包括谷膜甘肽转化酶系统和环氧化物水解酶系统。这些物质与亲电试剂(毒物)作用后形成可排泄的水溶性产物，防止了毒物进一步与更重要的生物细胞大分子的作用。然而，若连续受到亲电毒物侵入或高浓度亲电毒物攻击，这些“牺牲性”亲核试剂可能会消耗完，这样毒性的危害就不能消除。该过程如图 3-3 所示。

商业上常用的含有亲电取代基的物质如表 3-3 所示。尽管亲电基团的存在可能导致毒性，但并非含有这类基团的任何物质都是有毒性的，一种物质是否有毒性与许多因素有关。

2. 设计更安全的亲电性物质

理想情况下，物质分子内最好不要有亲电基团，但如果该基团是物质商用时必须的，这就给了我们一个两难的选择。一方面，物质的商业用途需要亲电基团，另一方面

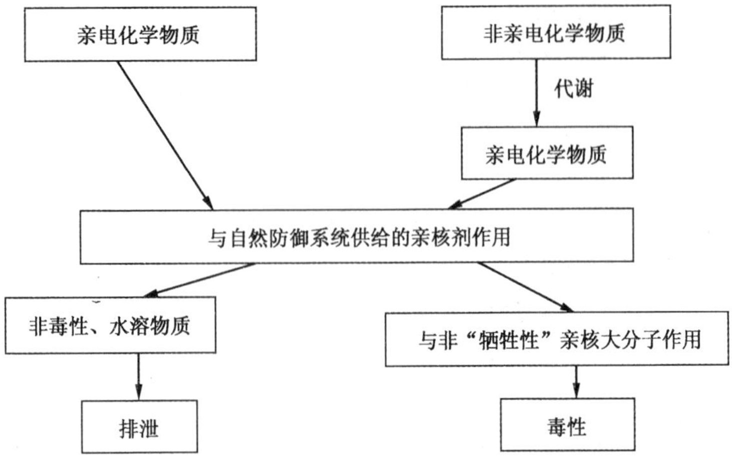

图 3-3　亲电物质的致毒过程

人体中的亲核物质不允许有这种基团。这看起来是不可能的，但我们仍然有办法设计出既能保持其商业用途又较安全的化学品。

表 3-3　一些商用化学物质所进行的亲核反应及相应毒效

亲电试剂	一般结构	亲核反应	毒　效
卤化烃	R—X X = Cl, Br, I, F	取代反应	癌症
α,β-不饱和羰基化合物及相关化合物	C═C—C═O C≡C—C═O C═C—C≡N C═C—S—	Michael 加成反应	癌症，变种，肝中毒，肾中毒，血液中毒，神经中毒等
γ-二酮	$R^1COCH_2CH_2COR^2$	生成 Schift 碱	神经中毒
环氧化合物	—CH—CH—（O 桥连两个 CH）	加成反应	变种，睾丸损伤
异氰酸酯	—N═C═O —N═C═S	加成反应	癌症，变种，免疫系统中毒

(1) 通过分子设计，降低分子的亲电性，避免它与细胞分子中的亲核部分发生相互作用，从而降低分子的毒性。

例如，丙烯酸乙酯含有α,β-不饱和羰基，因而会发生 Michael 加成反应，一般认为这是丙烯酸乙酯具有致癌作用的原因。在其α-位上引入 1 个甲基使其生成甲基丙烯酸乙酯，其亲电性就大为降低，甲基丙烯酸乙酯就不再发生1,4- Michael 加成反应。但甲基丙烯酸乙酯仍然具有与丙烯酸酯相似的商用性质，却没有致癌这一毒性。

$$CH_2{=}CHCOOCH_2CH_3 \qquad CH_2{=}C(CH_3){-}COOCH_2CH_3$$

丙烯酸乙酯　　　　甲基丙烯酸乙酯

(2) 掩蔽法。在生产商用亲电性物质时，不把产品直接做成亲电性的成品，而采用一些掩蔽剂把亲电基团掩蔽起来，使用时再用适当的试剂去掉掩蔽剂，使需要的亲电物质现场生成。这样，就减少了该产品在生产、运输和保存过程中的危险性。

异氰酸酯是一类商业上非常重要的亲电性物质。它广泛用于粘结剂、单体、合成中间体等。但通过吸收进入肺后，异氰酸酯会造成肺中毒，引发肺敏感和肺气喘。有些异氰酸酯还会造成变种和癌症。为了减轻其毒性，一些公司使用形成酮肟

$$RNHCOON{=}C(CH_3)CH_2CH_2CH_2CH_3$$

的方法把这一亲电特性盖掉。

异氰酸酯酮肟通常在制造异氰酸酯时原位生成，这样就减少了人与异氰酸酯接触的可能性，也减少了它排放于环境的可能性。以酮肟形式存在时，异氰酸酯就不再具有亲电性，因而也就无毒性。在用于涂覆时，酮肟部分用加热方法去除，释放出异氰酸酯使其与亲核剂作用，人也就无危险了。

这种掩蔽法也用于乙烯砜。强亲电性的乙烯砜常用于纤维活性染料(乙烯砜与纤维中的羟基形成共价键从而使其着色)。乙烯砜由合适的 β – 羟基乙砜与硫酸反应后，再与强碱作用而制备。其反应如下：

$$R{-}SO_2{-}CH_2CH_2OH \xrightarrow{H_2SO_4} \underset{\text{硫酸酯}}{R{-}SO_2{-}CH_2CH_2OSO_3H} \xrightarrow{\text{强碱}} \underset{\text{乙烯砜}}{R{-}SO_2{-}CH_2CH_2}$$

大多数生产出售纤维染料的厂商并不直接出售活性很高的乙烯砜，而是出售无活性的硫酸酯，硫酸酯无亲电性，然后在临使用时，由使用者用强碱与之作用形成乙烯砜，现场使用。这样，大大地减少了生产者和使用者直接接触乙烯砜的可能性。

3. 包含生物活化引发亲电性的毒性机理及相关安全化学品设计

大部分产生亲电性代谢产物的生化反应都是由细胞色素 P450 催化的氧化反应，在反应中一部分分子被生物活化变成亲电性物质。

(1) 4 – 烷基酚生物活化后变为对甲基化醌。4 – 烷基酚的生物活化过程如下：

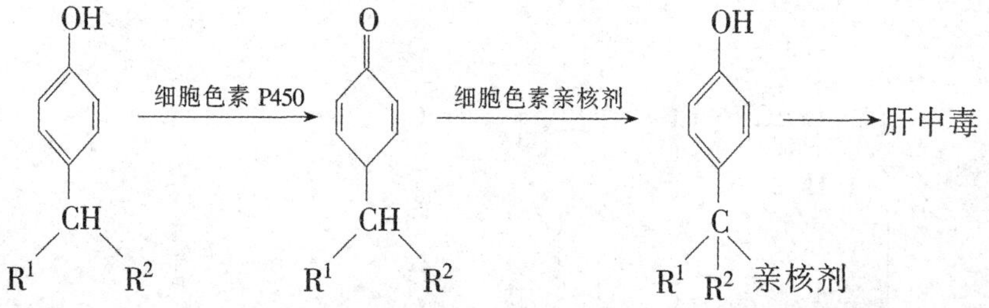

对位取代的酚有很多用途，比如用于合成过程、照相、油漆、抗菌剂、消毒剂等。由上可见，4 – 烷基酚在细胞色素 P450 的作用下，烷基取代 C 上的氢反应掉，被氧化为对甲基化醌，这已在动物实验中证实了。对醌中，由于烷基取代 C 与环羰基构成共轭体系，因而带部分正电荷(即具有亲电性)，能与细胞亲核剂发生 Michael 加成反应，从而产生毒性。Thompson 等发现，增长取代基的碳链长度或增加支键均有利于取代醌的生成速率，从而增大毒性。例如，4 – 异丙基醌($R^1 = CH_3, R^2 = CH_3$，支链多)就比 4 – 乙基醌($R^1 = H, R^2 = C_2H_5$)更容易使肝中毒；4 – 乙基醌链更长，其毒性比 4 – 甲基醌($R^1 = H$，$R^2 = CH_3$)更强。因此，在设计取代酚时，应尽量避免取代基处于 OH 的对位。这样就可阻止共轭对醌的生成。比如，2 – 甲苯酚和 3 – 甲苯酚的毒性就仅为对甲苯酚的 0.1 和

0.02 倍(因 2－,3－取代物不会被氧化为对取代醌)。如果实在要用对位取代物，则使取代基与苯环连接的 C 上无氢，这样阻止对位共轭醌的生成。

(2) 烯醇。许多商用化学品中含有烯醇结构(C═C—C—OH),有时是自由的烯醇，有时是以酯或醚的形式存在。烯醇或其酯及醚均在羟基所在 C 原子上含有至少 1 个 H 原子，因此它可在醇脱氢酶(Alcohol Dehydrogenase,简称 ALDH)作用下生成α,β－不饱和羰基代谢物，这一代谢物是有毒的。例如，丙烯醇就会引发肝中毒，因它被氧化后生成的丙烯醛有强的亲电性，会发生 Michael 加成反应。

$$CH_2{=}CH{-}CH_2{-}OH \xrightarrow{\text{ALDH}} CH_2{=}CH{-}CH{=}O \xrightarrow{\text{肝细胞亲核剂}} \text{肝中毒}$$

环烯醇也会发生相应的氧化反应，从而生成α,β－不饱和羰基代谢物，引发毒性。在醇羟基 C 原子上有芳香环取代基的烯醇除能进行上述转化而引发毒性外，还可以发生另一类反应，即通过Ⅱ相反应生成硫酸酯，硫酸酯的酯基部分是很好的离去基团，因其离去后生成的正碳离子具有双重共轭作用而变得十分稳定。由前所述，生成硫酸酯的Ⅱ相反应是去毒反应的一种途径，但 1 位烯基、芳基取代的醇与硫酸发生Ⅱ相反应却生成了一种非常活泼的亲电物种，会发生 S_N1 生物亲核反应，因而很毒。

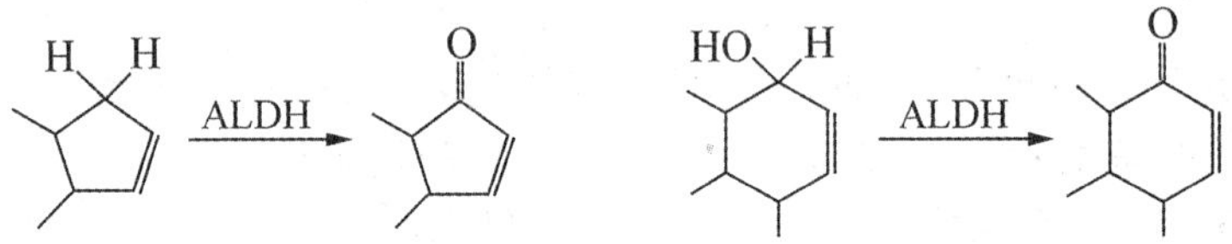

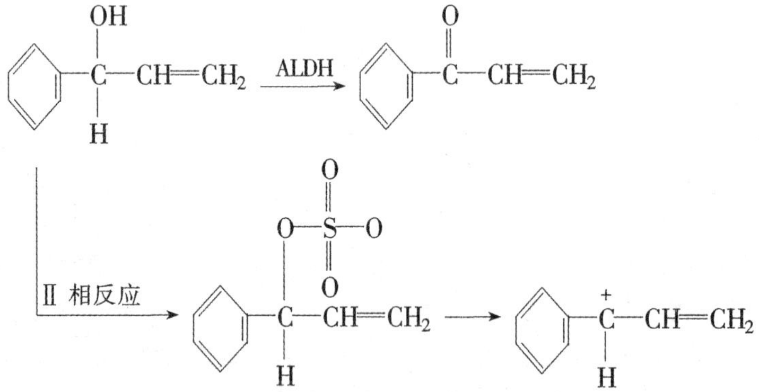

因此，在设计醇类时，要避免让不饱和的 C═C 双键与同醇羟基相连且又至少连有 1 个 H 原子的 C 原子相连，以防止醇在 ALDH 酶作用下生成α,β－不饱和羰基化合物。此外，也应避免使芳环与这类 C 原子相联，引发上述氧化及Ⅱ相反应。比如，把醇羟基 C 原子上的 H 原子用其他基团取代，就可避免生成代谢物 α,β －不饱和羰基化合物。如果这一结构修饰难度太大，可用体积大的烷基取代不饱和烷基，这样也可使毒性减少很多，因后者不易生成 α,β －不饱和羰基化合物。

（3）炔丙基醇。与烯丙基醇一样，在羟基 C 原子上至少连有 1 个 H 原子的炔丙基醇也会发生脱氢反应生成 α,β－不饱和羰基代谢物；含有芳环取代基的炔丙基醇也会发生Ⅱ相反应，生成亲电性物种。因此，在设计这类物质时，也要同时考虑可消去 H 原子的修饰及 α,β－不饱和位置的修饰两个方面。

（4）烯烃和炔烃。末端含有不饱和键的物质，烯烃和炔烃经细胞色素 P450 催化氧化后，会生成有毒代谢物，引发肝中毒、变种、癌症等。

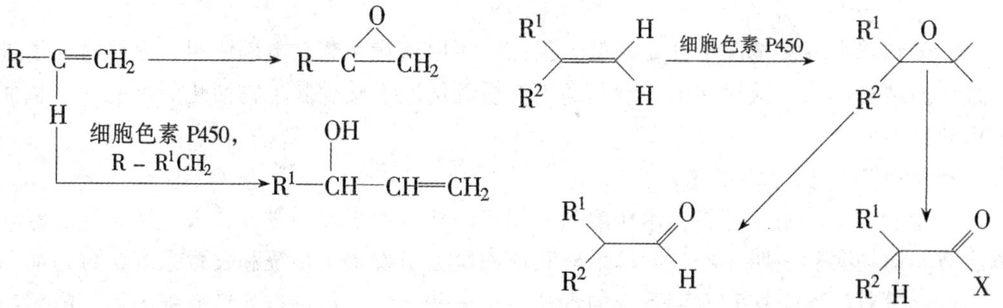

烯烃的代谢产物环氧烷和取代烯丙醇均具有强烈的亲电性，能与生物组织结合，当不饱和键不在末端而处于分子中时，其毒性要小得多。炔烃也有类似的反应。

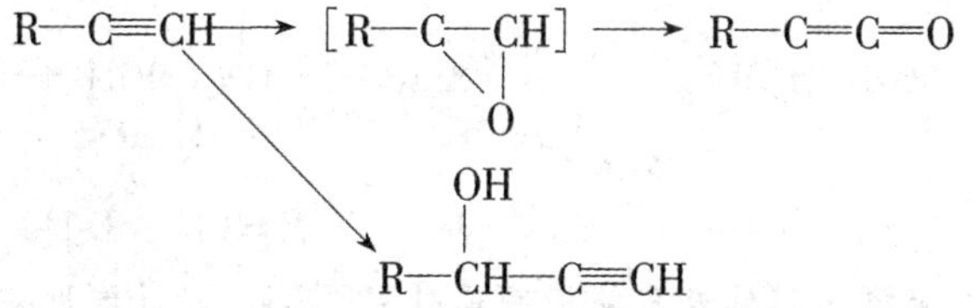

在设计这类分子时，一定要考虑到末端不饱和键可能发生的变化，尽可能改变分子结构，避免这一类生物活化作用发生。尽可能避免末端不饱和键的使用，或使用时使 2 位 C 原子上有取代基；尽可能避免末端 C 原子上连有卤素，而 2 位 C 原子上尽可能不要连接芳基和烯丙基、炔丙基。

4. 包含自由基的机理

自由基是含有未成对电子的高反应性基团。许多化学物质被人体吸收后经代谢可产生自由基。生成自由基是一个自然的代谢过程和生理过程，代谢过程中的许多活性物种就是自由基。比如细胞色素 P450 氧化过程中的关键步骤就是自由基的生成。而目前已清楚地确认化学品在代谢过程中生成的自由基有毒。因此，容易生成自由基的化学品也就潜在有很大的危险性。

（四）利用毒性机理知识设计更加安全化学品的例子

在上一节，讨论了几种物质的毒性机理，及如何避免这种毒性发生，这是在完全了解毒性机理的情况下才能完成的。有时，有些物质的毒性机理并不清楚，这就需要不断探求毒性机理。下面介绍几个典型的利用毒性机理知识设计更加安全化学品的例子。

1. 用甲苯代替苯

苯会引起血中毒甚至白血病。因苯会在肝中发生一系列氧化反应,生成高亲电性的代谢产物(包括 E－粘康醛),正是这一物质有毒性。

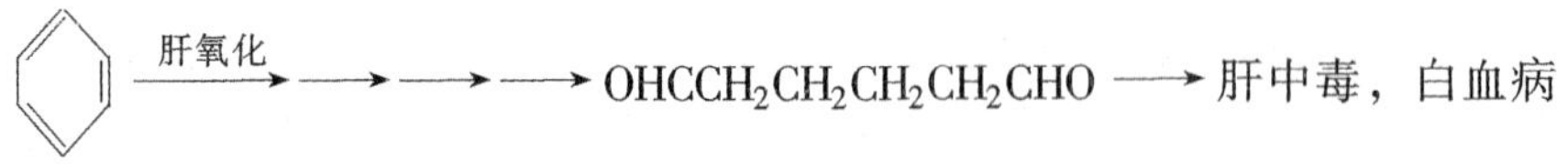

而甲苯的毒性则小得多。因甲苯氧化后生成苯甲酸，苯甲酸就不会再进一步氧化为亲电的代谢产物，因此苯甲酸是无毒的。甲基在这里就充当了去毒基团的作用。

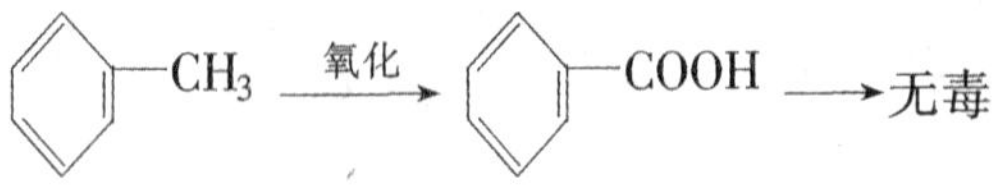

甲苯和苯在许多情况下性质相似，因此可用甲苯代替苯。本例说明，只要对分子进行微小的结构修饰，就可在不影响其商用性质的情况下减少其生物活化的可能性，从而去除其毒性。

2. 设计更安全的二醇醚

工业上广泛使用二醇醚，用作溶剂、刹车油和汽油添加剂等，也大量用于乳胶漆和清洁剂。动物实验表明，乙二醇单甲醚和单乙醚会引发生殖系统和发育系统中毒；而乙二醇单丁醚对生殖系统和发育系统的毒性要小一些，但它却可杀死红血细胞。二醇醚的毒性也是其代谢产物引起的，因其在氧化酶作用下会生成有毒的烷氧取代酸，其致毒机理尚处于探索之中。

$$R—O—CH_2CH_2OH \xrightarrow{ALDH,\ ACDH} \underset{\text{烷氧取代酸}}{R—O—CH_2COOH} \longrightarrow \text{有毒}$$

$R = CH_3$，C_2H_5，C_4H_9

因二醇醚的毒性来源于其代谢产物烷氧取代酸，因此设计更加安全的化学品的方法就是阻止物质代谢为烷氧取代酸。

$$R—O—CH_2—CH(CH_3)OH \xrightarrow{\text{细胞色素 P450}} RCH{=}O + HOCH_2CH(CH_3)OH \longrightarrow \text{无毒}$$

$$R—O—CH(CH_3)CH_2OH \xrightarrow{ALDH} R—O—CH(CH_3)COOH \longrightarrow \text{有毒}$$

将醇羟基所连接的 C 原子改变为仲 C 原子，使其不能被氧化为酸，这样，它就变为无毒的了。由于改变结构后的分子不能被 ALDH 氧化为酸，它就不会引起生殖系统、发育系统和血液系统中毒。从商用角度看，取代甲基在 1 位或 2 位 C 原子上对其作为溶剂的功能并无影响，1 位取代的物质与 2 位取代的物质同样有效。这一例子也说明，只要结构有微小改变，就能去除分子的毒性。

3. 设计正己烷的安全替代物

正己烷是工业上常用的溶剂，过度接触正己烷会造成神经中毒。正己烷中毒后的临床表现有：感觉麻木，手足失去知觉，运动神经变弱等。正己烷的致毒机理是2,5 位 C 原子被细胞色素 P450 催化氧化，氧化的第一步是生成二醇，进一步氧化为二酮，酮基与轴突神经网中的赖氨酸碱基残基 ε 氨基结合，形成吡咯加成物，吡咯环加成物会发生蛋白交链反应。破坏神经功能，导致神经中毒，即正己烷致毒的核心问题是形成 γ－二酮。因此，要设计更加安全的替代品，就要设计分子使得其不易形成 γ－二酮，比如

2,5位含有取代基后，就不能生成2,5 - 二酮。

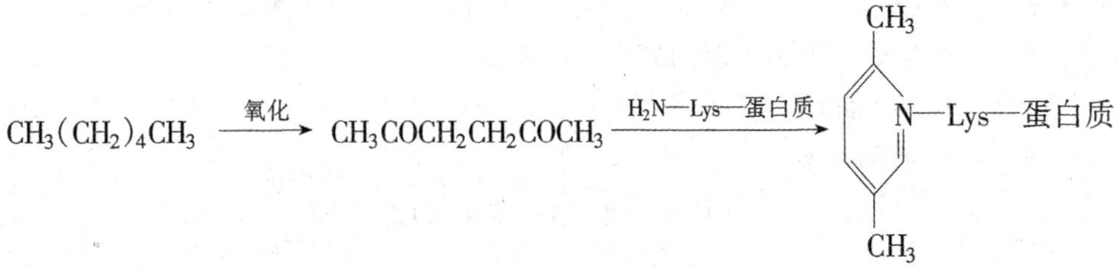

$$(CH_3)_2CHCH_2CH_2CH(CH_3)_2 \longrightarrow HOCH_2C(CH_3)(OH)CH_2CH_2CH(CH_3)_2 +$$

$$HOCH_2CH(CH_3)CH_2CH_2(OH)(CH_3)_2 \longrightarrow \text{对神经无毒}$$

但，2,5 - 二甲基己烷的沸点比正己烷高40℃（前者沸点 108℃，后者沸点 68℃），这可能会限制其商业应用。

二、利用构效关系设计安全的化学品

如前所述，物质的结构特征会使分子具有内在的生化性质，引发生化效应（比如药效、毒性等）。对于药品，希望其具有某种生物功能（药效），因此这一特殊结构特征称为“药效基团（Pharmacophore）”。而对于商用化学品，并不希望它具有某种生物效应（毒性），因而其特殊结构特征称为“毒性载体”。不管是哪一种情况，分子都是通过其特殊结构部位与特殊生物分子的相应部位发生相互作用而引发毒性的。因此可推断，含有相同“药效基团”或“毒性载体”的物质有相同的“药效”或“毒性”，其相对毒性强度可能有一些细微的变化，而这些差异正是由于分子结构中那些能影响“毒性载体”与生物分子相互作用的结构因素引起的。一类化合物的毒性以及该类化合物中不同结构（结构差异）引起的毒性差异称为构效关系。弄清了物质生物反应的机理也就更容易弄清构效关系。

由于下述原因，构效关系十分重要：

(1) 弄清了一类结构相似的化合物的药效或毒性，即可推测未测试物质的药效或毒性。

(2) 可利用构效关系设计新的化合物以加强或减轻某种效应（药效加强，毒性减弱）。

（一）应用定性构效关系设计更加安全的化学品

药物化学家利用构效关系来设计新药已有几十年了，美国国家环保署也利用构效关系来推测新的、未测试的化学品的毒性。这方面的工作在化学界越来越受到重视，从以下几例可以看出定性构效关系知识对安全化学品设计的重要作用。

[例 1] 壬基酚聚氧化乙烯醚

壬基酚聚氧化乙烯醚的结构为

$$C_9H_{19}—C_6H_4—O(CH_2CH_2O)_nCH_2CH_2OH$$

$n = 14 \sim 29$，严重心肌坏死；$n < 14$ 或 $n > 29$，无心肌病变。

壬基酚聚氧化乙烯醚常用作清洁剂及油墨中的发泡剂和表面活性剂。猪和狗的动物实验发现，当其中 n 在 14 ~ 29 之间时，每天每千克体重口服 40mg 就会引发严重的心肌坏死，而当 n 小于 14 或大于 29 时，就观察不到心肌坏死现象。因此，尽管对其致毒机理仍不清楚，根据这一定性构效关系，我们在选择使用壬基酚聚氧化乙烯醚时，应设计使用 n 小于 14 或大于 29 的壬基酚聚氧化乙烯醚。

［**例 2**］ 缩水甘油醚(Glycidyl Ethers)

缩水甘油醚的通式为

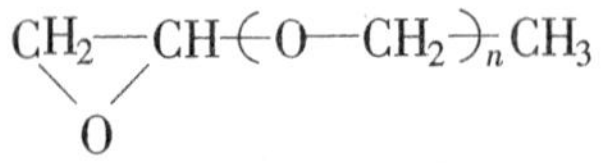

常用作合成试剂。兔、鼠动物实验表明，当 $n=7\sim9$，口服或呼吸吸收缩水甘油醚会诱发病变，引发睾丸损伤。但当 $n=11\sim13$ 时，则没有观察到上述毒性。与壬基酚聚氧化乙烯醚类似，尽管我们并不知道缩水甘油醚的致毒机理(人们也认为烷氧基环氧基部分是当然的“毒性载体”)，利用上述构效关系，应避免设计使用 $n=7\sim10$ 的缩水甘油醚，而使 n 值在 12 以上。

［**例 3**］ 1,2,4－三唑－3－硫酮(1,2,3－Triazole－3－Thione)

在许多商用化学品中均能发现—C—N 基团，而 C—N 基团通常就是“毒性载体”，它对甲状腺有毒。它对甲状腺的影响是阻碍甲状腺合成甲状腺荷尔蒙的能力，引发甲状腺机能减退。实际上，一些唑类物质在医药上就用于治疗甲亢。C—N 基团的毒性机理虽然目前尚不清楚，但相信它会抑制甲状腺过氧化酶的作用，该酶在甲状腺荷尔蒙合成中催化将碘引入酪氨酸的反应。

因此，在设计含唑的物质时，就应考虑其对甲状腺的影响，在可能的情况下，把其毒性降到最低。设计时，如果我们知道了构效关系，就可达此目的。在此可以1,2,4－三唑－3－硫酮为例加以说明，其一般结构和构效关系如表 3－4 所示。

从表 3－4 可以看出，在这一系列化合物中，毒性最低的是含有 1 个甲基取代基，且甲基的位置又分别在 2 位或 4 位的两种结构。而把甲基的取代位置移到唑环的 5 位上，则其毒性增大 211 倍，该结构有很大的毒性，任何人与之接触均会有危险。在设计 1,2,4－三唑－3－硫酮时，要利用上述知识来减少其毒性，除非商用上万不得已，决不能把取代甲基置于唑环的 5 位上，尤其是2,4 位为 H 原子时，更不能在 5 位上置有甲基。同时，如果 5 位上一定要有 1 个甲基或其他烷基取代基，则在 4 位上引入 1 个甲基会大大减少其毒性。

表 3－4 取代1,2,4－三唑－3－硫酮的结构与毒性

一般结构	R^1	R^2	R^3	相对毒性
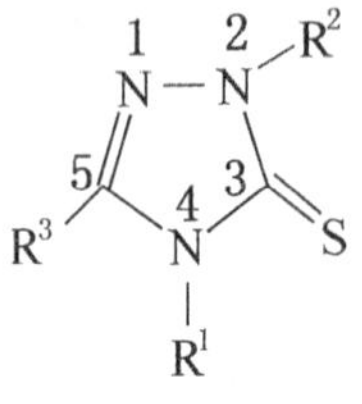	CH_3	H	H	1.0
	H	CH_3	H	1.2
	H	H	CH_3	212.0
	CH_3	H	CH_3	7.1
	H	H	C_6H_5-	5.7
	CH_3	CH_3	H	4.7
	H	H	H	3.6

［例4］ 羧酸

羧酸是应用很广的一类商用化学品，可用于合成中间物、增塑剂、催化剂、保鲜剂等。很多常用羧酸均有一定药效或毒性。例如，2－丙基戊酸在医药上就用作抗惊厥药物。羧酸的毒性包括肝中毒、畸胎作用等。尽管羧酸引发的肝中毒可能会很严重，但已知的使人中毒的羧酸却较少。而许多羧酸都会引发畸胎作用。在怀孕后试验中，胎儿的生长过程或婴儿的生产过程均可受其影响，因而引发婴儿畸形、生长不正常、精神迟缓、目盲耳聋、功能不健全等等，甚至引起死亡。羧酸的畸胎作用与其结构关系密切，构效关系研究发现，对于通式如下的羧酸

$$\underset{n}{(C)}—\underset{4}{C}—\underset{3}{C}—\underset{2}{C}—COOH$$

当2位C上全为H原子而无取代基或全为取代基而无H原子时均较为安全，2位C与3位C之间或3位C与4位C之间有双键时，羧酸也较为安全。

（二）用定量构效关系设计更加安全的化学品

定量构效关系($QSAR_S$)是指关联一系列物质生物活性与一种或多种物理化学性质的关系式。在定量构效关系式中，要把化学结构转化为描述物理化学性质的参数，而这些理化性质又是与生物反应相关的。对一系列给定物质，要定量给出构效关系，就需要成功提出一种或多种能与生物活性相关联的物理化学性质。与生物活性相关联的物理化学性质与物质的生物活性机理有关，可把这一性质称为生物活性的“描述符(Descriptor)”。

一个常用的构效关系的回归关系式为

$$\log(1/c) = a(x)^2 + b(x) + c(y) + d$$

式中：c 为表现出生物活性的事物的最低浓度(生物活性由 $1/c$ 给出)；x 和 y 为描述生物活性的物理化学性质；a、b、c、d 为系数。

给出这一回归关系式时，还应给出用于构筑定量关系的数据库的物质数目 n，相关系数 r，回归关系式的标准差 S。

有了构效关系的定量表达式，就能定量给出结构变化造成的效能(毒性)变化。这比用直觉判断或仅用定性构效关系来判断要准(精)确得多。比如，根据物质致死性的严重程度和定量构效关系式，就根据某未测试物质的物理化学性质推测其半致死量(LD_{50})。因为目前已能直接根据物质的结构估价物质的物理化学性质，因此在构筑定量构效关系时，无需先合成该物质，再去测量其物理化学性质。可以先估价其物理化学性质，将这些物理化学性质代入定量构效回归关系式中，预测其生物活性，而这种物质甚至可能是不存在的。

药物化学家早已利用定量构效关系进行药物设计。美国国家环保署从1981年开始就利用定量构效关系，预测新的、未测试的化学品的毒性。设计更加安全有效的化学品的实践发现，定量构效关系十分有用，其最大优点是能在合成某物质之前预测其毒性，而不是合成以后再去测试其毒性。美国国家环保署已经建立了一套计算程序(程序的名称叫做ECOSAR)，在该程序中包含了42类化学品的100多个回归方程。

三、利用基团贡献法构筑构效关系

基团贡献法(Group Contribution Method)模型又称碎片贡献法(Fragments Contribution Method)模型，是定量结构－活性关系研究中使用最广的方法之一，它是根据 Langmur(1925 年)的独立作用原理建立起来的。近来已用于环境友好化学品设计。其基本假定是[3]：我们感兴趣的某一活性是组成分子的 1 个或 n 个碎片或二级结构的贡献或贡献之和，而同一碎片能作出的贡献在不同化合物中是相同的，与它所处的化合物无关。最理想的情况是，模型中的每一碎片与我们感兴趣的活性之间有清楚的机理关系，且这一关系已在分子水平上弄清了。当然，这种理想情况不可能实现。但这并不重要，因为：(1)我们有足够量的一系列测量值(训练系列)可用于建造模型；(2)可分辩一系列结构碎片与活性之间的关系，从而理性化地理解其作用。因此，采用基团贡献法，可以预测未知物质的构效关系。

四、利用等电排置换设计更加安全的化学品

具有检测分子和电子特征的物质不管其结构是否相似，通常都具有相似的物理性质和其他性质。Langmuir 将这一现象称为电子等排同物理性质现象(Isosterism)，这些物质称为电子等排物(Isostene)。根据 Langmuir 的定义，电子等排物是这样一些物质和取代基，它们由于有相同数目的原子、相同数目的电子且电子的排布方式相同，因而有相同的电荷。随着分子轨道理论的发展，Langmuir 电子等排物概念的描述已有许多变化。比如，Burger 就定义电子等排物为：除 Langmuir 所述外，具有相似分子形状和体积、大致相似的电子排布，因而表现出相似物理化学性质的分子、原子、取代基等。例如，下述分子、原子、取代基即为电子等排物：

(1) —H，F

(2) 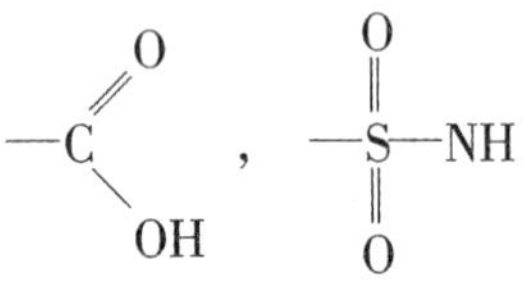

(3) —OH，—NH_2

(4) —CH_3，—SH，—Cl

(5) —CH_2—，—NH—，—O—，—S—，—SiH_2—

(6) —N═ ，—CH═ ，—S—

(7) 环结构中的 CH═CH— ，—S—；—O—，—NH—

(8) 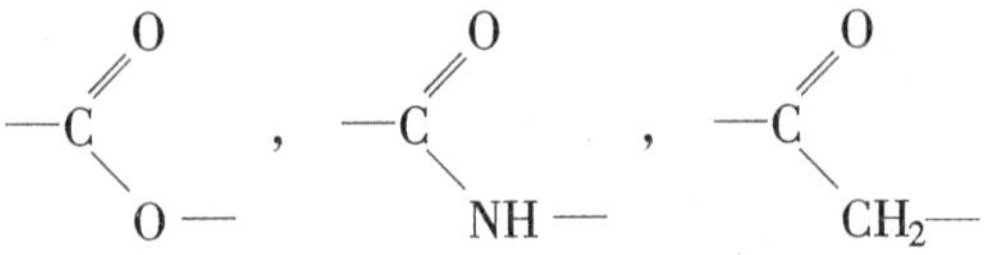

(9) 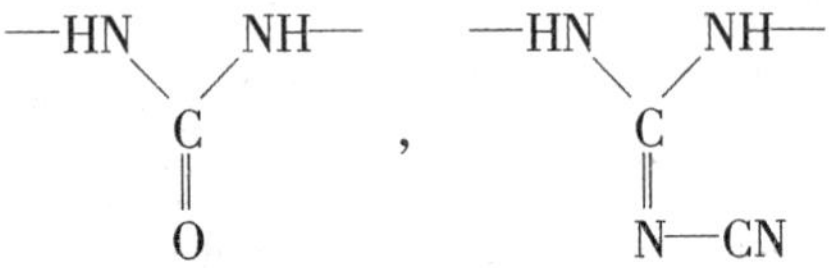

苯与噻吩及吡啶是电子等排物，尽管它们的结构并不是完全相同，因为 —CH═CH— 与 —N═ 和 —S— 是电子等排取代基。

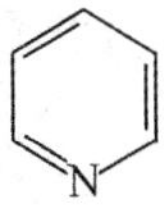

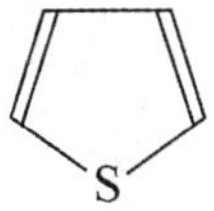

它们的化学性质仍然相似，比如都具有芳香性，都是液体，分子体积和大小相差不大等。有趣的是苯和噻吩的沸点都约为81℃。

电子等排的药物或毒品也可能具有相似的生物性质，同时，通过等电排置换，可能给某物赋予某些生物性、增强某物生物活性或减少其生物活性。

例如，7－甲基苯并蒽是一个已知的致癌物，而7－甲基－1－氟苯并蒽则不致癌。这是因为前者在代谢过程中会在1,2位发生环氧化而被生物活化引发毒性，而用电子等排物氟原子取代氢原子后，氟原子使1,2位的环氧化反应受阻故不再表现出致癌效应。

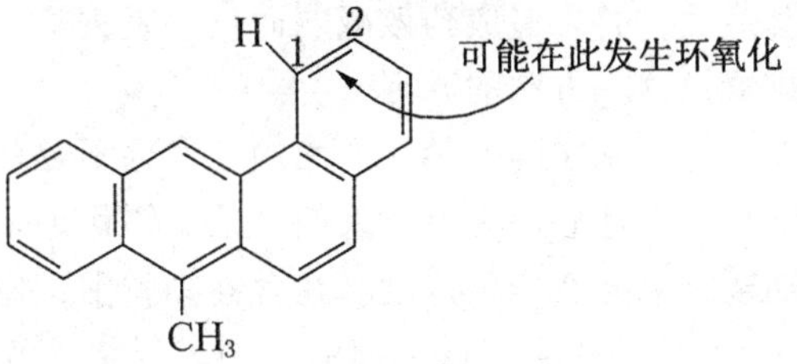

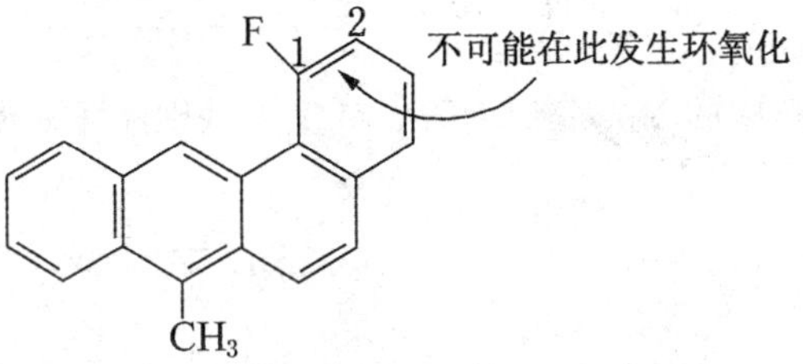

又如，乙酸是无毒的，但氟代乙酸却毒性很大，其半致死量(LD_{50})为25mg/kg。

CH_3COOH	FCH_2COOH
无毒	有毒

这是因为，在生物体内，乙酸与辅酶A(C_0A)发生相互作用，生成乙酰辅酶A(CH_3COC_0A)，乙酰辅酶A是柠檬酸循环中一个必不可少的中间体，柠檬酸循环是制造能量的一个基本生化阶段。氟代乙酸由于与乙酸是电子等排物，故也能生成氟代乙酰辅酶A。氟代乙酰辅酶A进入柠檬酸循环后会生成氟代柠檬酸盐，它会阻碍乌头酸酶(Aconitase)工作，因而引发毒性。

在药物设计中，也有相应利用等电排置换法的例子。在抗溃疡药物研制过程中，发现麦角胺(Metiamide)会降低肠胃道的酸分泌，这一作用通过对抗氢接收位而引发。其抗溃疡作用因其硫脲部分的致毒作用而大为逊色。将硫脲部分用氰基胍(Cyanoquanidine)取代，就得到塞麦替酊(Cimetidine)。塞麦替酊能接收氢，这样就去除了麦角胺的毒性，因此是目前使用最多的抗溃疡药物。

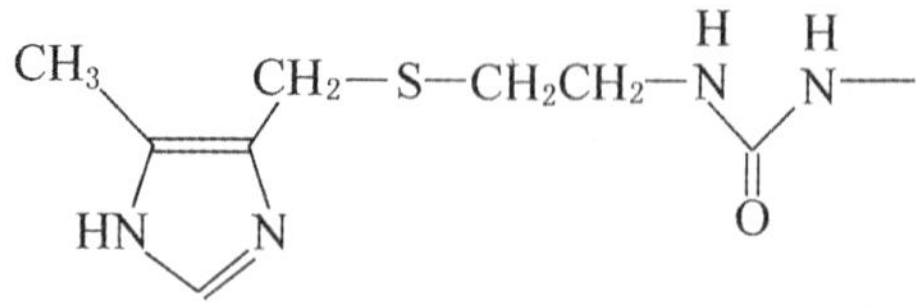

麦角胺

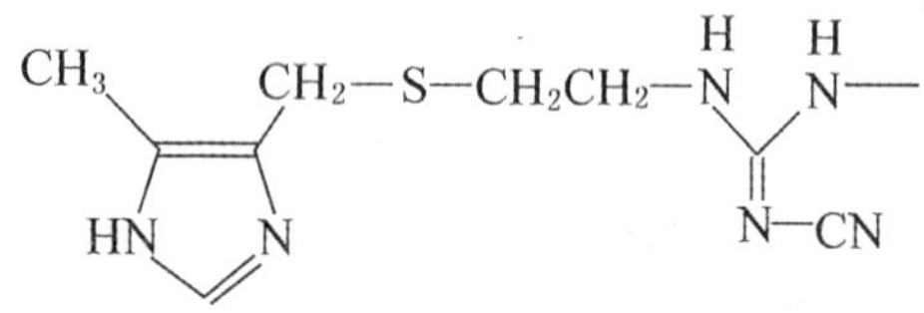

塞麦替酊

在本例中，等电排置换后，并未造成药效减弱而仅仅是去除了其毒性。这也是在新药设计中广泛利用等电排置换这一方法的原因。

在利用等电排置换设计更加安全的化学品方面的工作远不及药物设计。最近一个成功的例子就是金属偶氮染料的设计。历史上，人们是采用铬作为金属偶氮染料的中心金属的，因使用铬可获得期望的色彩及染色速度。在含铬染料中，通常使用6价铬，然而6价铬是已知的致癌物质，其使用受到环保部门的限制。近年来的研究发现，使用铁能获得同样的色彩和染色速度，但铁却无毒性。

当下述金属偶氮染料中的M为铬时有毒，M变为铁则无毒，但有相同的染色效果。

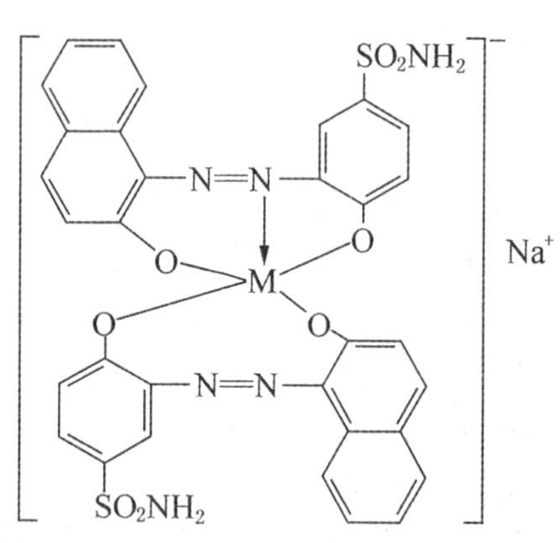

利用电子等排规律设计更加安全化学品的另一个成功例子是用硅取代物代替杀虫剂MTI-800。MTI-800是一个烈性的杀虫剂，但是它对鱼也有毒性（LC_{50}为3mg/L），这就限制了其商业使用。用硅原子取代其中的1个碳原子以后，得到另一物质，该物质的杀虫效力变为MTI-800的0.2~0.6倍（即有一定程度的降低），但当浓度为50mg/L时，仍观察不到鱼死亡。这一例子说明，用硅原子替代碳原子后，其效力虽受一定影响，但其毒性却降低很多。

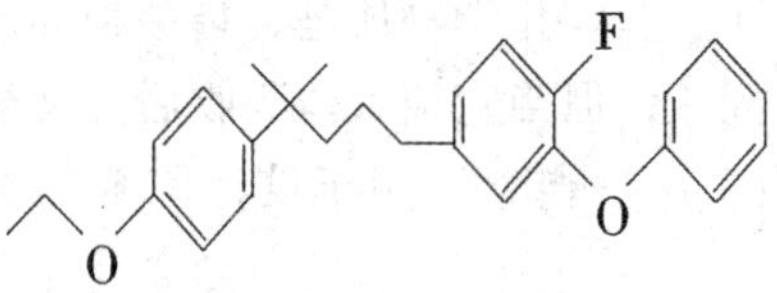

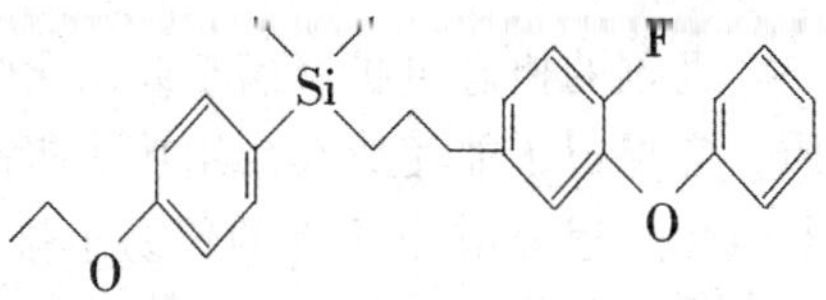

MTI800 对鱼，$LC_{50}=3mg/L$　　　　浓度为 50mg/L 时仍观察不到鱼死亡

从上述例子可见，电子等排置换在今后设计更加安全的化学品中将发挥重要的作用。

五、“软”化学设计

“软”药剂的概念在药物化学中于 20 世纪 80 年代中期出现。它指的是，具有生理活性的、治疗上十分有用的，在人身体内完成治疗作用后很快转化为无毒物质的药物。因此，也称为“后代谢设计”(Retrometabolic Design)。“软”药剂通常是那些临床上有治疗效果，但又因具有毒性或副作用而限制使用的物质的类似物质。“软”药剂保留物质的治疗特性，同时又使它失去毒性和副作用。理想的“软”药剂是，具有所需治疗效力，能在单步代谢(非氧化性的)过程中转化为可排泄的无毒物质的药物。

例如，盐酸十六烷基吡啶

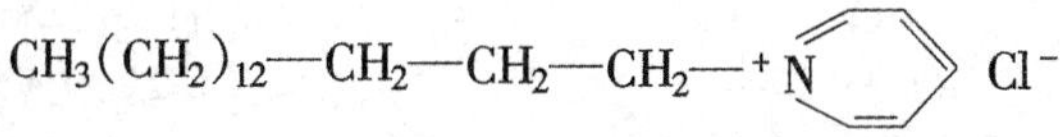

是有效的防腐剂，但同时对哺乳动物有严重的毒性，老鼠口服实验发现，其 LD_{50} 为 108mg/kg。

以盐酸十六烷基吡啶为基础线索，设计出新的化合物，使得该物质具有防腐作用的重要结构特征保持不变。同时，进行某些分子结构修饰，使新物质能很快代谢为对哺乳动物毒性小得多的物质，目前研究得到的新物质为：

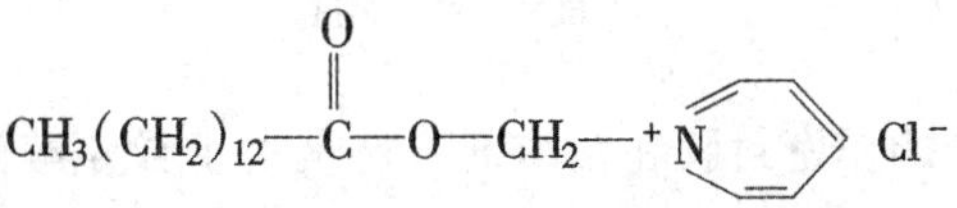

其老鼠口服 $LD_{50}>4000mg/kg$。

该新物质保留了原分子中的

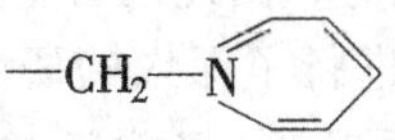 及 $CH_3(CH_2)_{12}-$

部分，而用

$$-\overset{\overset{\displaystyle O}{\|}}{C}-O-$$

取代原分子中的—CH_2—CH_2—基团。这样，得到的新分子的侧链仍为 16 个原子的链。而新分子在血液中能很快地代谢分解为吡啶、甲醛及十四碳酸，这几个物质的毒性均较小，但新分子在防腐方面的物理化学性质却与原有毒分子相当。

"软"药剂的概念可扩展用于商用化学品的设计。"软"化学物质是，指一种如此设计的物质，它保留了能完成其商用功能所需的结构特征，但当它被人体吸收后，又能很快通过非氧化过程分解为无毒的、易于排泄的物质。这一概念已用于设计烷基化试剂和DDT的安定替代物。

六、用另一类有相同功效而无毒的物质替代有毒有害物质

在设计安全化学品中，另一种方法就是完全抛开原有物质，而寻找另一类化学物质来完成它们的功能。上述几种方法都将主要精力集中在分子的结构及分子在体内的行为方面，在此则主要集中讨论物质的商业用途，而不是分子结构修饰。同时，找出另一类无毒物质来完成这些商业用途。这在分子修饰无法解决我们面临的困境的时候，这也是一种更具有吸引力的方法。下面举三例略作说明。

［例 1］ 用乙酰乙酸酯代替异氰酸酯用作密封胶和粘结剂

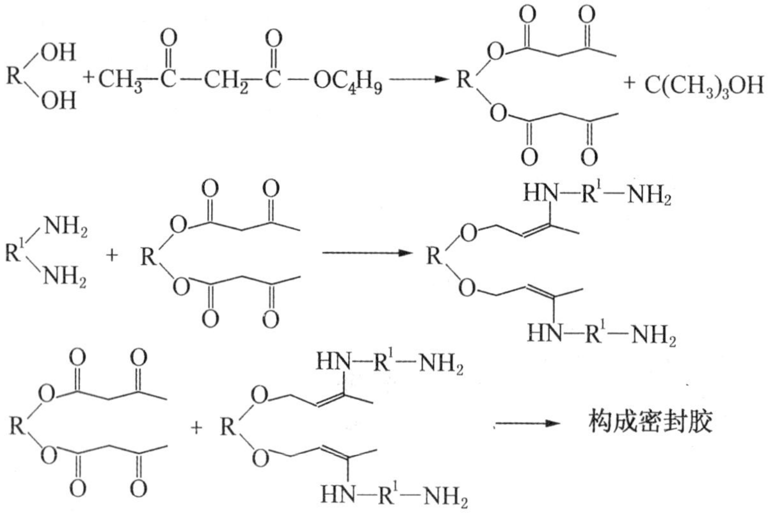

工业上常用异氰酸酯作密封胶和粘结剂，这是由于异氰酸酯能与亲核试剂(通常为醇或胺)反应生成交链加成物，从而起到密封和粘结效果。同时，异氰酸酯在还具有快速、能适应于各种物质的粘结、价廉等优点。而其最大的缺点就是具有毒性。异氰酸酯能引发癌症、变种(Mutation)、肺敏感、气喘等，因此危害生产者和使用者的健康。

Tremco公司(Beachword, Ohio)在这方面进行了深入的研究，找到了一种非异氰酸酯密封胶和粘结剂，即乙酰乙酸酯。其工作原理是：乙酰乙酸正丁酯与多醇反应形成酯化产物，此物与二胺反应形成复合物，该复合物与酯构成密封胶。这一新体系的最大优点就是无毒。

［例 2］ 用异噻唑酮代替有机锡防污剂

船体外壳等沉没于海水中的部分结构上会长出海洋生物，其生长会增大船体运动的阻力，因此常称为"污垢"。虽然这些"污垢"看起来并无害处，但这会增大油料消耗，降低船速，增大船的服务和清洁处理费用，延长晒干船坞的时间。据统计，美国军舰的污垢处理费用每年就高达1亿美元。

为了防止船体外壳上污垢的生成，常在船壳上使用防污剂。有机锡化合物是常用的有效防垢剂，但它对不结垢的水生物科如淡菜、蛤(Clams)等有极大的毒性。另外，有许多有机锡化合物是危险废物，故在船的清洁过程就必须十分小心，因而费用上涨。由于有机锡化合物具有环境毒性，全世界均已放弃使用。Rohm and Haas公司在这方面进行了许多研究工作，寻找对非结垢水生物种无毒的防垢剂。研究发现，异噻唑酮是有效的海洋防垢剂，尤其是4,5－二氯－2－正辛基－4－异噻唑－3－酮特别有效。

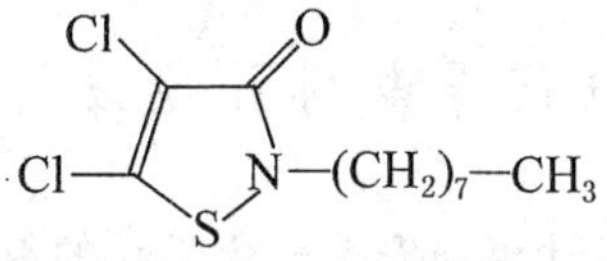

该物质不仅能防垢，而且对非结垢海洋生物无毒性。因它在海洋环境中能迅速分解，分解产物与沉积物很强地结合在一起，因而不对其他海洋生物产生毒性。

［**例3**］ 用磺化二氨基－*N*－苯甲酰苯胺代替染料中的联苯胺

联苯胺及类似物质常用于合成染料。其色质好和染色快速两大优点使之十分有用。但当发现这类物质有很强的致癌作用以后，以它为中间体的染料合成就大为减少了。许多研究者均想找到具有相同染料特性，但又不致癌的替代品。最近发现，可用磺化二氨基－*N*－苯甲酰苯胺代替联苯用于染料合成。

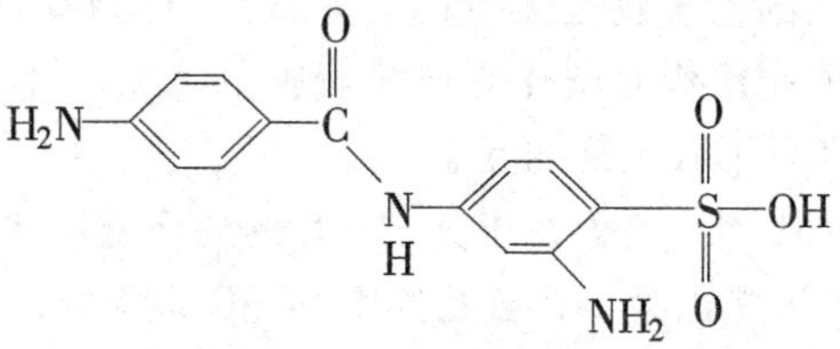

由于有磺酸基存在，增大了该物质在代谢过程中的水溶性，因而可直接排泄。

七、消除有毒辅助物品的使用

有时，化学药品可能并非有毒，但其储存、运输及使用过程中需要另一辅助物质，比如四氯化碳这样的溶剂。此时，是辅助物质引发了毒性。在这种情况下，就需要消除这些辅助物质的使用。有时，可以简单地选用一个毒性小的或无毒的辅助物质来达此目的，比如更换溶剂。如若无法找到无毒的辅助物质，则要对化学物质本身进行某些结构修饰，使其能适用新的辅助物质。比如，水溶性涂料、油漆等就属于这类内容。

参 考 文 献

1 Roger L Garrett. Designing Safer Chemicals. In: Stephen C Devito and Roger L Garrett ed. Washington, D C: American Chemical Society, 1996. 2

2 Stephen C Devito. Designing Safer Chemicals. Stephen C Devito and Roger L. Garre ed. Whashington D, C.: American Chemical Society, 1996. 16

3 王连生，韩塑睽，等编著．分子结构、性质与活性．北京：化学工业出版社，1997

第四章 设计更加安全化学品的应用

第一节 用硅对碳进行等电排置换设计更加安全的化学品

如前所述，等电排置换是设计更加安全的化学品的有效方法之一，对于一些有毒有机物质而言，有时其中的 1 个碳原子被硅原子取代后，不仅可以大大降低其毒性，而且还可以增大其可降解性等对环境友好的性能。

一、硅是碳的等电排原子

从化学上看，用硅作为碳的等电排原子是再自然不过的了。因为碳和硅都是 4A 族元素，因此，在化学性质上有相似性。与同族的其他元素一样，硅和碳都是 4 价元素，能形成四面体结构，能与碳形成稳定化学键。虽然，目前对硅酮移置物尚有争论，但一般来说，硅取代碳后形成的衍生物是无毒的，尤其是与同族的锗、锡、铅的衍生物相比。因此，硅是唯一一个能用作对碳作等电排置换的元素。另外，硅是自然界存量丰富、价格低廉，且可以各种形式出现的元素。

有机硅化合物的一个吸引人之处在于其 Si—C 键的环境特性，在自然界中直今还没有发现 Si—C 键化合物。这是因为，在自然界中 Si—O 键太强，因而即使存在有机硅化合物，其存在时间也是有限的。

例如，早期研究发现，神经传递质乙酰胆碱(Acetylcholine)的天然类似物尿烷

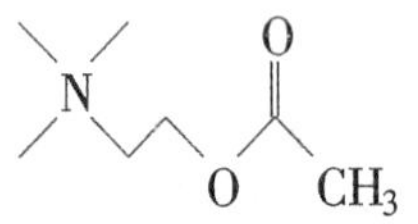

乙酰胆碱

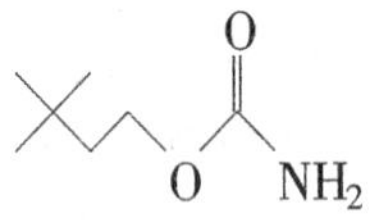

尿烷

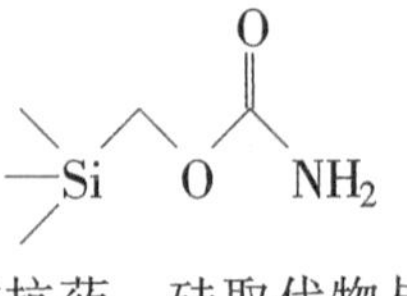

蝇覃碱拮抗咬（Muscarinic Antagonistis）

就是乙酰胆碱的拮抗药，硅取代物与其对应碳化合物的药剂反应曲线完全相同，但老鼠实验发现，硅取代物的毒性要比对应碳化合物低得多。

氨基甲酸酯杀虫剂及其硅等电置换物，对苍蝇有相似的毒性，但后者却更易于降解。因此，前者用硅取代后，分子具有相同的杀虫功效，而对环境的危害却减小了。

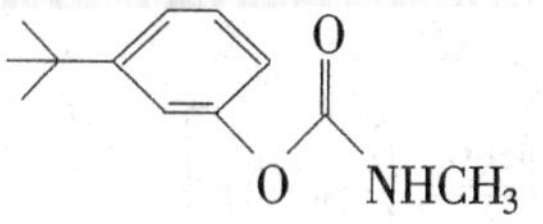

氨基甲酸酯

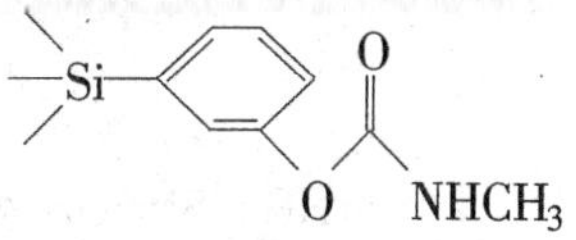

氨基甲酸酯的硅等电置换物

二、硅化合物和碳化合物的差异

尽管硅元素是与碳元素最相似的元素，它们的化合物在性能上有一定的相似形，但并非所有情况下都可以用硅代替碳，有时有严格的限制。比如，硅形成的双键或三元环化合物在空气及潮气中均极不稳定。硅与氮、氧等杂原子形成的单键是强化学键，但能水解。Si—H 键的极化程度大于 C—H 键，与 C—H 键相反，增大与硅相连的氢原子的数目将使其更易被氧化，硅烷 SiH_4 在空气中能自燃。另一方面，近年也有关于聚硅烯在空气中稳定存在的报道。

$H_2C{=}CH_2$　乙烯稳定　　　　$H_2Si{=}CH_2$　硅乙烯不稳定

$\left[CH_2CH_2CH_2CH_2CH_2CH_2\right]_n$　聚乙烯稳定

$\left[SiH_2—CH_2—SiH_2—CH_2—SiH_2—CH_2\right]_n$　聚硅乙烯对空气稳定

另外，由于硅原子与碳原子的大小有一定差异，因此其化学反应性能也有重大差异。当硅原子与不能饱和碳原子邻近相连时，化合物是稳定的，但与其碳类似物相比，却又会被酸催化而发生 C—Si 键断裂。

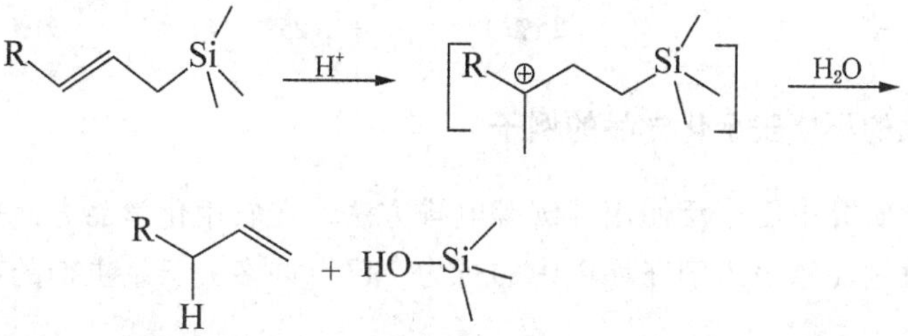

因此，在用硅对碳进行等电排置换时要考虑目标物的使用环境，合理利用这些特性，这就为设计环境上可降解产物提供了用武之地。

三、有机硅化合物的降解和氧化代谢

在设计更加安全的化学品时，一个十分重要的需要考虑的问题就是该物质在环境中的命运，非生物降解和生物氧化均十分重要。能生成降解为无毒无害物质是最理想的，用硅置换碳后有可能同时增大非生物降解和生物氧化的可能性。

（一）非生物降解

目前最常见的有机硅化合物是聚硅酮，它是1,1－二甲硅二醇的聚合物，曾一度被认为是在环境中能稳定存在的，但近来发现，在水和土壤中它能降解。进一步用^{14}C标记甲基研究发现，甲基可由光化学反应使其发生 Si—C 键断裂与硅分开，最后得到的产物是硅酸盐。

$$n\mathrm{HO{-}Si{-}OH} \underset{+\,n\mathrm{H_2O}}{\overset{\text{聚合}\;-\,n\mathrm{H_2O}}{\rightleftharpoons}} \left[\mathrm{{-}Si{-}O{-}}\right]_n$$

（二）生物氧化

早期，在全甲基硅氧烷存在下微生物生长研究发现，C—Si 键能发生生物断裂。近来的研究发现，微生物可利用二甲基聚硅酮中的碳，使其转化为二氧化碳，^{14}C 标记的聚硅酮的土壤孵化实验发现释放出 $^{14}CO_2$ 证明了这一点。Fessenden[4] 等关于有机硅烷在哺乳动物中代谢的开创性研究工作发现，苯基和烷基硅烷的氧化与其碳烷类似。二甲基苯硅烷与二甲基苯甲烷的对比研究发现，硅取代物在体内氧化时，其 Si—H 键氧化速率很快，Si—H 键转化为 Si—OH 成为其主要产物。而与硅相连的 C—H 键的氧化则与其碳取代物类似，二甲基苯甲烷苯环取代基上氢的氧化呈一分布，其中叔碳最易氧化。

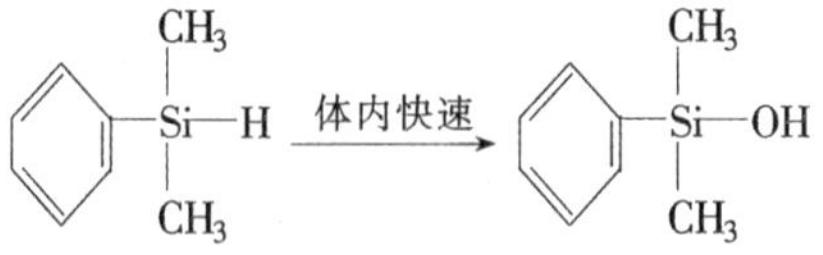

90%

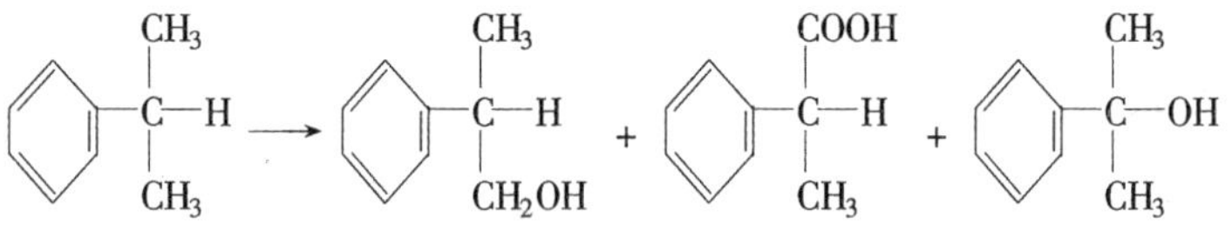

25%　25%　50%

四、硅取代的环境安全化学品的例子

在药物化学研究中已广泛使用硅碳等电排方法，在农用化学品方面也有许多有关研究。由于近来特别注意杀虫剂在环境中的行为，已有许多关于杀虫剂的硅碳等电排置换的实例。

［例 1］ DDT 的硅取代物

尽管 DDT 对哺乳动物来说相对比较安全，但由于它对其他物种有毒性，同时会在环境中长期存在，因此不得不放弃这一重要杀虫剂的使用。在设计 DDT 的硅等电排取代物中，设计了如下所示的 DDD 类硅烷类物质：

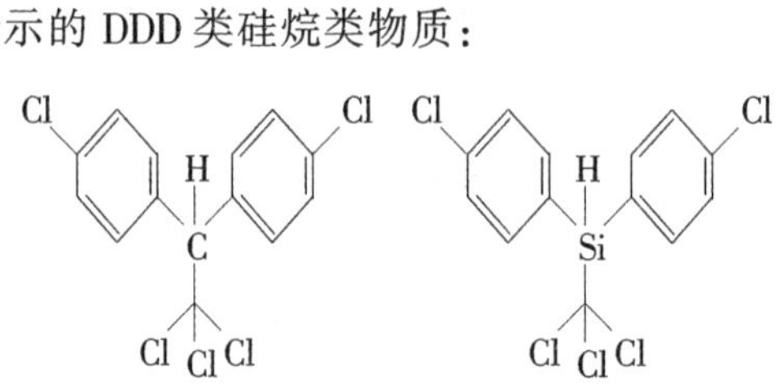

DDT　DDD

希望 DDD 在环境中的存留时间会短一些，因为硅烷在体内和环境中均会由于 Si—H

键的氧化而变得不稳定。

［例 2］ 有机硅杀真菌剂

Meberg 及其合作者制备了一系列硅取代三唑类化合物，为杀真菌剂的开发开辟了一条新的途径。其中之一，氟苯代硅三唑(Flusilazole)对谷类防真菌特别有效，已是目前商用的主要谷类防真菌剂。

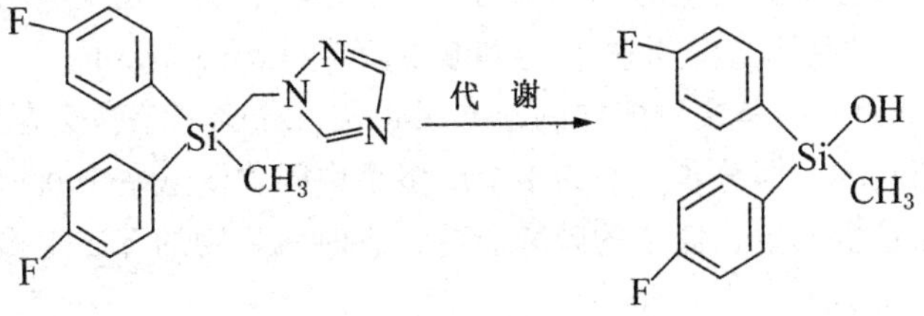

氟苯代硅三唑与其他防真菌剂(非硅取代物)一样，对甾醇的合成有生物抑制作用。其一级代谢产物为硅醇，硅醇生物活性很小，同时由于它处于更高的氧化态，因而容易进一步降解。

第二节 设计可生物降解的化学品

绿色化学的重要任务之一就是要从源头上消除或减少有害物质的排放。“友好设计”(Benign by Design)的概念应可用于目标产物的分子设计，通过目标产物的分子设计使其减少毒性，可生物降解为无毒产物，即在化学品制造过程中，首先对目标产物分子本身进行设计而不是设计其生产过程。增大分子的可生物降解性是预防污染的一条十分重要的途径。

抗拒生物降解的化学品可能具有对生物区系施展毒性的可能，而这一切并非在其释放于环境时我们就能完全知道或预测。另外，既能长期残留于环境又能发生生物聚集的化学品应引起我们更大的关注，因为其含量会由于生物聚集而提高，且用严格的毒性标准来衡量时表面上无毒性，但可能引发慢性的或不可预测的毒性。在水溶液及土壤环境中，有机物的降解机理主要是生物降解，这也是现代污水处理厂水处理的理论基础。因此，通过分子设计不仅可增大化学品的安全性，同时也可增大产生的污物的可处理性。本节将介绍用于增大可生物降解性的分子设计原理。

一、生物降解的细菌基础

生物降解过程并非限于细菌世界，微生物(主要是细菌和真菌)是目前在自然界生物降解中起主要作用的试剂，无论是从其转化的物质还是其使物质降解的程度上讲均如此。众多证据说明，不能被高级有机体影响(降解)的大部化学品的降解是靠微生物来完成的。大多数情况下，动物排泄出它们不能再代谢的化学物质，而植物则趋向于把它们转化为不溶于水的物质以存于其中。微生物家族则具有分解代谢多面手的特征，在食物存在下迅速生长，具有高代谢活性和种属多样性特征。有机物质的最终矿物化主要就是微生物降解的结果。

通常，有机物要首先通过细胞壁和细胞膜进入微生物细胞中，这一穿透过程可以是被动的扩散作用也可以是在某些传输系统的帮助下完成。尤其是在水溶液中及土壤环境中时，这种传输系统的介入是必须的，因为此时有机底物和其他营养物浓度均很低。在某些情况下，比如蛋白质、多糖等大的聚合物底物的降解，是先在细胞外酶作用下降解为小的化合物，这些化合物可被转移到细胞内。

进入细胞内后，物质能发生的反应就与其分子结构有关，在细胞内发生的数百种转化可分为氧化反应、还原反应、水解反应和联合反应(Conjugative Reaction)。微生物家族的分解代谢(Catabolic)途径是多种多样的，同时也与环境条件有关。但微生物利用化合物的基本原理是相同的，即分步降解为 1 个或多个中间物，这些中间物能进入代谢的中心途径，而总目标是生成生长需要的碳和能量，有时化合物的部分生物降解会产生有毒和能长久残留的中间物。

天然有机化合物能通过其在适当条件下生长的步骤降解，正如 Daley 所说："现在我们有理由相信生物化学合成的有机化合物都是可生物降解的。"许多人造化学品与天然物质相同或相似，同时，人类活动也制造了一些以前从未见过或自然界中很少见的物质。然而，其中许多也可被微生物进攻，这一现象称为"幸运代谢(Fortuitous Metabolism)"或"无偿代谢(Gratuitous Metabolism)"。这是因为，降解酶通常对其能降解的自然底物没有绝对的专一性。

二、化学结构与生物降解性

(一) 不易生物降解的化学结构

40 年来，化学工业界、大学的研究及环境监测的结果表明，相对微小的分子结构改变可极大地影响化学品的生物降解性能。这些研究发现，具有下述结构特征的分子对需氧生物降解具有抗拒作用：

(1) 卤代物，尤其是氯化物和氟化物。

(2) 支链物质，尤其是季碳和季氮或是极度分支的物质，如三聚或四聚丙烯。

(3) 硝基(Nitro)，亚硝基(Nitroso)，偶氮基(Azo)，芳氨基(Arylamino)。

(4) 多环残基(比如多环芳香烃或稠环芳烃，PAHS)，尤其是超过三元的多环稠环或芳烃。

(5) 杂环残基，比如吡啶环。

(6) 脂肪族醚键(C—O—C)。

(7) 高取代的化合物比低取代的化合物更不易降解。

即具有上述基团的化合物难于生物降解。当然，上述并未完全列出难于降解物质的所有特征。另一方面，也不能因为某物质含有 1 个上述基团或原子就推论该物质难于降解。多数情况下，增大物质可生物降解性的机理并不知道，但这并不能妨碍我们应用这些原理进行设计。在大多数情况下，上述结构特征会影响降解酶对物质的引发作用或影响它们作为底物的能力，同时阻碍这些物质在细胞内的传输。例如，在苯环上引入氯原子就会使氧化酶难于进攻苯环，因氧化酶是要利用亲电的氧作为共存底物(即反应物之一)。因此，在化学分子设计中应尽可能避免使用强吸电子的取代基比如卤素。

（二）可生物降解的化学结构

与上述相反，具有如下结构特征的分子具有较好的生物降解能力：

(1) 具有水解酶潜在作用位的物质会增大其生物降解能力(比如酯、胺)。

(2) 在分子中引入以羟基、醛基、羧基形式存在的氧会增大其生物降解性。

(3) 存在未取代的直链烷基(尤其是大于4个碳的直链)和苯环时，由于可受氧化酶进攻，因而可增大其生物降解能力。

(4) 水中溶解度大的物质更容易生物降解(见下)。

(5) 相对低取代的化合物。

其中分子中含有各种可增大降解能力的氧尤为重要，因为许多化合物尤其是烃类降解的第一步就是在氧化酶作用下向分子结构内引入氧，而这一步通常是速率控制步骤。即降解的第一步是某种形式的氧化反应，而如果在分子设计过程中已经在分子中引入氧，则分子的生物降解可能性会明显增强。

（三）物质在水中的溶解度与可降解性

分子骨架结构上的取代基数目和物质分子的水溶性对物质的可生物降解能力有较大影响，但要把这一原理用于具体物质有很大的困难。对于改性纤维素(甲基纤维素)这样的聚合物，取代度是一个精确的概念且可有预测值。但对于大多数非聚合结构，这就不对了。溶解度可能具有如下一种或多种影响：

(1) 微生物生物利用度(Microbial Bio - availability)：不溶性化学品趋于吸附在活性淤泥、沉积物和土壤上，因而被分隔。许多研究表明，这会降低其生物降解速率。

(2) 溶解速率：许多研究表明，对溶解度很低的固体物质，仅溶解了的部分及分散相才能受到微生物的作用。因此，溶解速率快的物质被降解的可能性要大一些。同时，许多微生物能分泌表面活性剂(比如鼠李糖脂)从而加速溶解过程。

(3) 水溶液中的低浓度(Low Aqueous Concentration)：一些研究表明，在水中溶解度低于仅每升几毫克或更少时，这样的浓度实在太低，细胞酶和传输系统就无法发挥其最佳功能，因此也难于生物降解。

一般来说，在其他条件相同的情况下，对于水溶性不好的化学品，在其中引入增大其溶解度的基团可增大其可生物降解性。

三、基团贡献法预测生物降解能力

根据化学品的结构预测其相对降解速率的能力对设计更加安全的化学品会很有帮助。Boethling等用基团贡献法原理建立了一套四个模型用以预测可生物降解能力。其中两个模型用于预测容易降解的物质和不容易降解的物质，降解性与分子结构特征之间采用线性和非线性对数关系。另外两个模型则针对水溶液中的降解速率作半定量的估价，适用于降解的初级和最终过程。

四、设计可生物降解化学品的例子

［例1］ 直链烷基苯磺酸盐

基于直链烷基苯磺酸盐(LAS)发展起来的去污剂是分子工程成功用于增大可生物降解性

从而被环境接受的例子。从20世纪40年代开始，人们就用人造烷基苯磺酸盐(ABS)表面活性剂代替肥皂作为日用洗衣粉中的表面活性剂。一开始，其烷基链是由煤油部分衍生物而得，但很快就被以四聚丙烯为原料获得的ABS取代。四丙基苯磺酸盐(TPBS)是一个更有效更经济的产品，可由烷基部分与苯通过一步 Friedel - Crafts 反应，然后再(在苯环上)磺化制得。这一方法制得的TPBS是一个混合物，其典型结构为

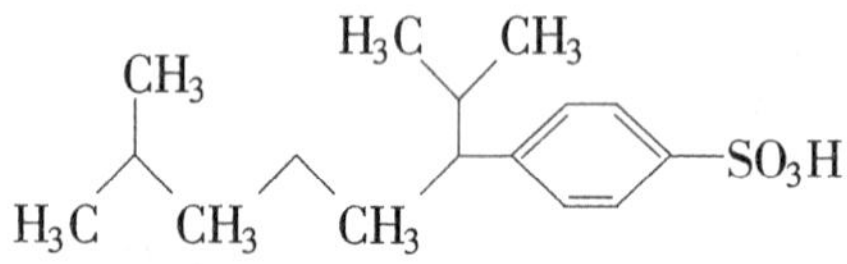

使用这一化合物后，立即引发了另一个问题即环境问题，这一支键化合物在市政废物处理系统中不能完全降解。Painter 在《环境化学手册》中对此是这样绘声绘色地描述的：TPBS在废物处理系统中仅降解50%，因而在活化通风罐内充满大量过量的泡沫，接受废水的河里也是这样。这些泡沫远比引入合成表面活性剂以前淤泥中的蛋白质类物质有害，在极端情况下，游泥处理工人可能会因为泡沫使路太滑而从走道上不慎掉入泡沫罐中窒息而死。由于TPBS不能完全降解，河水中其浓度高达2mg/L，因此排水口也会产生大量的泡沫。

泡沫还会影响污水处理厂的效率，增大致病细菌处置的可能性。经研究最终发展了直链烷基苯磺酸盐来代替TPBS。

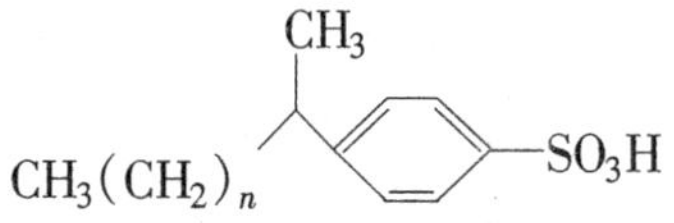

$n = 7 \sim 11$

直链烷基苯磺酸盐表面活性剂在污水处理厂能完全降解。

[例2] 二烷基季铵化合物(Dialkyl Quaternaries)

50多年前，Domagk 发现，在简单的季铵化合物(Quaternary Ammonium Compounds，简称QACs)上引入长链烷基后，其对生物的危害性大为改善，自此，QACs类表面活性剂受到高度重视。目前，仍有QACs类杀虫剂在使用，但QACs的主要市场是织物柔软剂。另外，QACs还用于工业上，比如纺织品加工过程中的多种用途、铺路、油井勘探、矿物浮选等。据统计，市用QACs有66%由三类物质组成，每一类均由二烷基季铵化合物组成，即疏水性(Hydrophobicity)通过在分子中引入2个长链($C_{20} \sim C_{19}$)烷基而引入。这三类物质分别是：

二烷基二甲铵盐

$$CH_3(CH_2)_n-\underset{CH_3}{\overset{CH_3}{\underset{|}{\overset{|}{N}}}}-(CH_2)_nCH_3 \qquad n = 9 \sim 17$$

咪唑季铵盐(Imidazolium Quaternary Ammonium Salts)

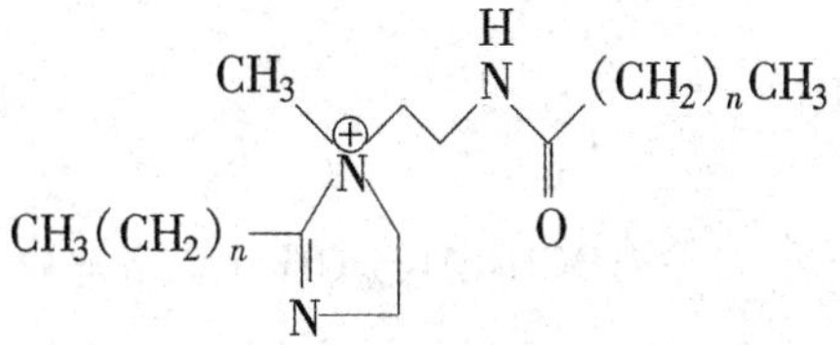

$n = 14 \sim 16$

羟乙基乙铵鎓季铵盐(Ethonylated Ethanaminium Quaternary Ammonium Salts)

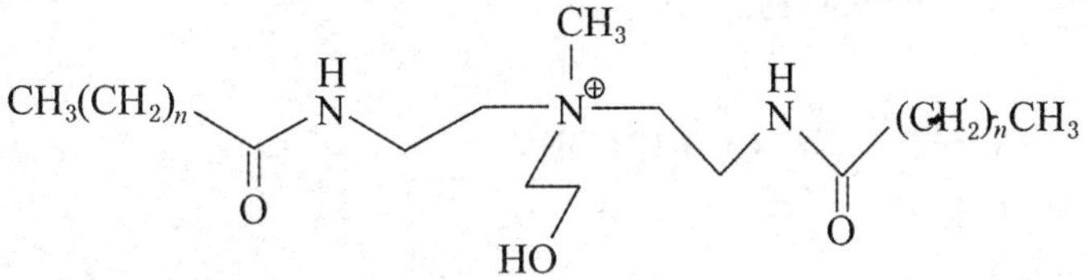

n=14~16

QACs使用后大都要排向市政排污处理系统。直到最近，织物柔软剂市场上主要还是销售二烷基二甲铵盐类QACs物质，即二氢化动物脂二甲基氯化铵(Dihydrogeated Tallow Dimethyl Ammonium Chloride,简称DHTDMAC)。其长链烷基由动物提纯物衍生而得，通常为$C_{16} \sim C_{18}$烷基。DHTDMAC在水中的溶解度很小，故它在废水处理系统及环境中被吸附在固体物质上。因此，95%以上可以被除去，这一点与TPBS不同，但是DHTDMAC也并不发生生物降解。由于DHTDMAC在水环境中降解速率很慢，而它又有较大的生态毒性，其使用亦受到限制。

目前，DHTDMAC已被上述后两类QACs取代。使用新的柔软剂后，不仅其从废水中除去的费用会降低，而且新的化合物中由于引入了新的化学键类型，形成了可水解的胺键，因而生物降解速率也更快。由此可看到，通过改变分子结构进行合理的分子设计，可获得更安全的表面活性剂。

另一个有用的例子是，在上述羟乙基铵鎓季铵盐的基础上，在分子中引入酯键以取代酰胺键，则得到一个更易降解的化合物，可用作织物整理剂。

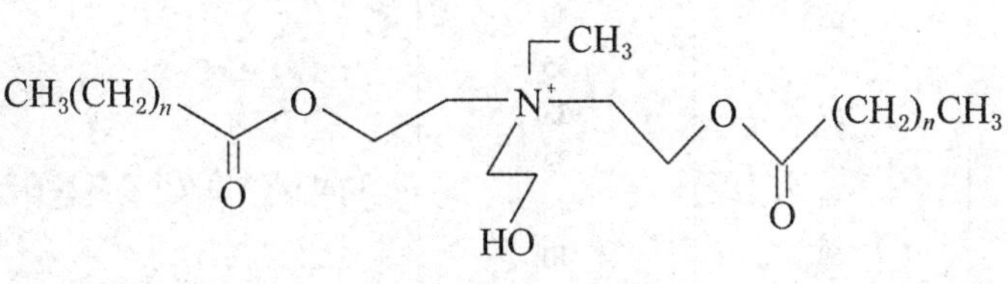

n=10~16

[例3] 烷基酚乙氧基化物

烷基酚乙氧基化物(Alkylphenol Ethoxylates,简称APEs)是两类主要非离子型表面活性剂中的一类。APEs广泛用于包括织物加工、聚合发泡、印刷、金属清洁、石油钻井及纸张制造等工业过程。壬基酚乙氧基化物(Nonylphenol ethoxylates,简称NPEs)是APEs中的主要产品。

与直链醇乙氧基化物不同(直链醇乙氧基化物是另一类非离子型表面活性剂)，APEs

大部分带有支链。

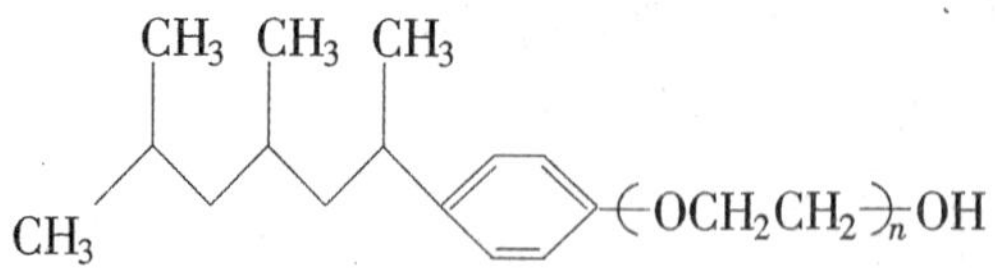

$n = 12 \sim 14$

APEs，尤其是 NPEs 引发的环境问题是复杂的，仍引起争论。大部分注意力集中在单、双乙氧基壬基酚加合物NP1EO（$n=1$）和 NP2EO（$n=2$）上，因这两个物质是 NPEs 降解过程中生成的较稳定的中间物。

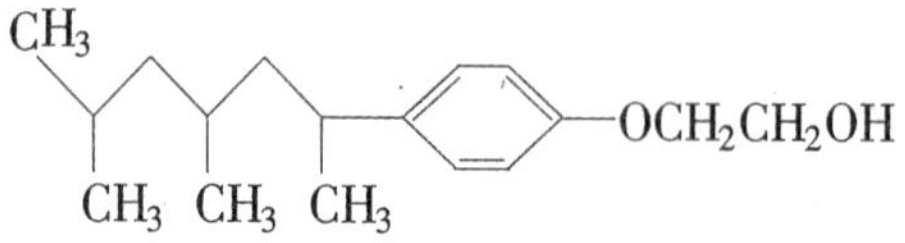

NP1EO

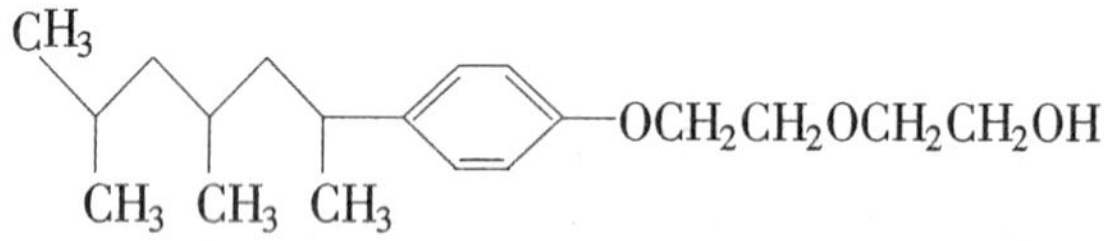

NP2EO

NP1EO、NP2EO 和壬基酚本身对水生生物有极强的毒性，而长链的母体 NPEs（OCH_2CH_2 的数目可达 30～50，常见的为 12～14）化合物的毒性则小得多。但最近则有关于壬基酚、NP2EO 及相关化合物为鱼雌激素的报道。当用直链烷基取代支链烷基后，物质的可降解速率肯定会加快。实验数据支持上述推论，如表 4－1 所示。

表 4－1　不同壬基酚的生物降解分数

APE	生物降解分数/%		备　注
	直链烷基	支链烷基	
C_8APE_9	71	46	C_8APE_9：含有 9 个乙氧基的壬基酚
	51	49	
C_9APE_9	65	25	C_9APE_9：含有 9 个乙氧基的壬基酚
	65	30	
	88	55	
	57	33	
	66	32	
	75	0	
	62	10	
	60	18	
	0～50	0	
	89	75	

第三节　设计对水生生物更加安全的化学品

水生生物在生态系统中扮演着独特的角色，对其他物种包括取食者和捕猎者的生存起着十分重要的作用。同时，水生生物还构成了直到人的食物链，绿水澡是水生生态系统前期生产的，通过光合作用，它们生产氧气、碳氢化合物和其他食物；取食者食用这些物质，而取食者又被像鱼这样的捕猎者食用，鱼则作为哺乳动物、鸟和人的食物。因此，对水生生物有毒的化学品就可能会使生态系统处于危险之中，甚至造成某些食物链中断。陆生物种、包括人，就至少在一定程度上依赖于水生生物。

化学品对水生生物的致命危害有两类，即非特征的(Non - Specific)或曰麻醉性的(Narcosis)和特征的(Specific)。大部分对水生生物有毒的化学品都是通过麻醉作用而使水生生物中毒的，一些化学品则具有另外的特征的毒效模式。特征致命化学品均有其特殊机理，其分子通常能与细胞大分子反应，从而产生除麻醉作用模式以外的其他毒性。比如，这类物质可以与酶发生共价作用。仅通过麻醉作用使水生生物中毒的化学品通常不能与细胞大分子发生反应，比如氯代烃、醇、醚、酮等有机酸和碱、简单的硝基取代芳香族化合物等。

化学品的麻醉型毒性与其在水生生物膜中的扩散情况有关，如果细胞或细胞膜中化学品的浓度高到一定值，就会对细胞功能产生非特征性干扰(Non - Specific Perturbations)。如果扩散进入细胞或通过细胞膜的化学品的浓度超过一定阈值，甚至会引起死亡。因细胞膜的脂肪含量较高，故非极性脂溶性化学品比脂不溶性化学品更易穿越，因此，通过麻醉机理致毒的非极性物质的相对毒性与其脂溶性有关，这与气体麻醉剂类似。

与麻醉型化学品不同，有些化学品本身或其代谢产物可以与细胞大分子发生某种特定的化学反应，这些物质除产生麻醉作用外还会有额外的毒性，称为特征型。比如，如果一个化学品能与各种蛋白质(如酶、DNA)等形成共价键，则可预测它具有特征型毒性。比如腈、亲电剂等，就对水生生物有特征毒性。

一、利用构效关系预测水生毒性

从70年代开始，我们就发现许多工业化学品对人和环境有严重的毒性。同时，与食品和药品不同，目前还没有对商用化学品的危险性立法予以评价和建立法律规定其使用。1976年，美国国会通过了“毒物控制提案(Toxic Substance Control Act,简称 TSCA)。美国以前的其他法律条文是评价在化学品引入商用后的化学危险性，即，先使用，后评价其危险性；而 TSCA 的主要任务之一就是在一个新化学物质投入商用之前表征和充分了解其危险性。这样就可以把危险性降到最小或预防其危险性发生。为此，该提案要求环境保护署(Environmental Protection Agency,简称 EPA)建设已商用化学品的目录，称为 TSCA 库。该提案第五节要求，任何人如要生产或引进一个 TSCA 库中没有的化学品，就必须向 EPA 提交预生产通告(Premanufacture Notice,简称 PMN),以使 EPA 估价其可能具有的危险性，以预防和避免其发生。按 TSCA 的规定，EPA 在90天内必须对该新物质是否对人类健康和环境有危险作出明确的判断。

由于缺乏可用数据，而 EPA 又要在如此短的时间内作出判断，因此，EPA 对大多数物质进行判断时均是利用构效关系(Structure - Activity Relationships,简称 SARs)进行预测。前已述及，SARs 参考一组类似化学品产生的生物效应以及结构差异引起的相对生物活性的差异，把构效关系定量化，可更为精确地预测毒性。在对水生生物毒性的定量构效关系(Quantitative Structare - Activity Relationships,简称 QSAR)中，常用的物理性质有：辛醇 - 水分配系数(通常用对数表达为 log P)、水溶性、解离常数(pKa)、相对分子质量、胺氮百分数(Percent Amine Nitrogen)(不包括苯胺类及在 pH = 7 时无碱性的胺,如酰胺、脲等)。在确定 QSAR 时，最重要的就是找到与生物活性密切相关的物理化学性质，而这些性质又是与其结构紧密相连的。因为 log P 在很大程度上确定了化学品在水相和生物相的传输和分配，故在用 QSAR 方程处理水生生物毒性问题时，常用 log P 作为度量。而用 QSAR 方程预测未知化合物的毒性时，最关键的问题是所选择的 QSAR 方程要适用于所关心的特定物质。比如，在预测化学品对水生生物毒性时，不能用麻醉型致毒机理的方程来预测特征型中毒物质的毒性。

二、结构和物理化学性质的调变

上面讨论了预测对水生生物毒性的一般概念和方法，必须强调指出的是，有许多物理和化学因素会影响对水生生物的毒性，这些因素包括水溶性、油溶性、颜色、形成内盐、酸性、碱性、分子大小、最小截面直径(Minimum Cross - Sectional Diameter)、物理状态等等。对这些因素如何影响对水生生物毒性的知识会帮助我们更有效地设计对水生生物更加安全的化学品。比如，设计一个化学品，使其在水中的溶解度很小(小于 1×10^{-9}),或增大 log$P$ 使其大于 8，都会降低其生物活性，因而减少其对水生生物的毒性。我们可以把这些知识与已发展起来的 QSAR 结合起来预测未知物的毒性。

(一) 辛醇 - 水分配系数(log$P$ 或 log $K_{o\text{-}w}$)

辛醇 - 水分配系数(log P)是用来描述物质油溶性的，也是常用于估价有机化学品对水生生物毒性的物理化学性质，log P 通常能与生物活性很好地关联起来。TSCA 库中已有许多单个化学品的 log P 数据。

一般来说，对于仅表现出麻醉型毒性的非离子有机化合物，在 log $P \leqslant 5$ 时，其致死性和慢性毒性均会随油溶性呈指数增大(不包括染料、聚合物、表面活性剂)；当 log $P > 5$ 时，毒性随油溶性呈指数减少，因此对生物活性降低；log P 在 5 ~ 8 之间时，长期接触这类非离子型有机化合物呈现慢性毒性；log $P \geqslant 8$ 时，长期接触也不表现出毒性，因为此时水溶性很差，化学品变得没有生物活性。

也有一些麻醉型毒物如脂肪醇、氯代苯、丙酮、二硫化物和一些“反应性”化学品如丙烯酸盐、酯等，在 log $P = 6$ 时仍是剧毒的。还有一些“反应性”化学品如脂肪胺、表面活性剂等，则到 log $P > 8$ 时仍表现出剧毒。

另一方面，log P 很小的化学品由于没有足够的油溶性，因而不能进入水生生物的细胞膜，故没有生物活性，毒性很小。比如，相对分子质量小于 200，log $P \leqslant 2$ 的物质对水生生物的毒性就很小，其 $LC_{50} > 100$mg/L。

因此，对于麻醉致毒的化学品，当 log $P > 8$ 或 log $P < 2$ 时，其对水生生物的毒性较小。因此，我们在设计化学品时，可使其相对分子质量小于 200 且 log $P < 2$；或者 log $P > 8$ 而不管其相对分子质量，就可获得对水生生物无毒的化学品。要降低 log P，可在分子中引入极性基团如羧基、醇羟基或其他水溶性基团。另一方面，也可通过引入亲脂性(疏水性)基团如卤素、芳环、烷基等以增大 log P。

(二) 水溶性

化学品的水溶性是另一个与其生物活性及对水生生物毒性密切相关的重要性质。当 log P 增大时，其水溶性降低；log P 减小时，则水溶性增大。麻醉型化学品，当其水溶性很差(比如小于 1×10^{-9})或有高的水溶性时，其生物活性都会很低，因而对水生生物也就表现不出明显的毒性。到底水中溶解度高达哪一数值时才对水生生物表现不出毒性呢？这一问题很难定量给出一个上限；而对水溶性小的化学品则存在一个下限，一般来说，水溶性小于 1×10^{-9}就对水生生物无毒性。

因此，在设计更加安全的化学品时，我们应改变分子结构使其要么变得不溶于水，要么在水中的溶解度很大。

这里我们要注意的是，一些看起来很小的分子结构的改变，比如分子中甲基的位置改变，就会对水溶性产生很大的影响，由此改变油溶性及毒性。这一点对于设计小分子物质时如何通过改变分子结构来改变水溶性从而减少其对水生生物的毒性尤为重要。比如，叔戊醇(Tertiary Amyl Alcohol)在水中的溶解度比其异构体正戊醇在水中的溶解度高 98g/L，因而毒性要低得多。

$$CH_3CH_2C(OH)(CH_3)_2 \qquad CH_3CH_2CH_2CH_2CH_2OH$$

$$(a+98)\text{g/L} \qquad a\ \text{g/L}$$

又如，相对分子质量大的氨基丁酸在水中的溶解度就比 2－氨基丙酸高 44g/L。前者事实上仅比后者多一个甲基。

$$CH_3CH_2CH(NH_2)COOH \qquad CH_3CH(NH_2)COOH$$

$$(b+44)\text{g/L} \qquad b\ \text{g/L}$$

这都是结构上微小差异导致相对水溶性差异从而改变毒性的例子。水中溶解度增大后，它们对鱼、水蚤、水藻的毒性要降低一半。这里有意思的是，照我们通常的认识，甲基是油溶性的，增加甲基应增大其油溶性，而此处则不然。如前一节所述，在设计中应考虑使用直链，因直链化合物更容易生物降解，上面两例关于水溶性的特性也与此矛盾。

根据 QSAR，利用醇来减少水溶性的原理被用于生产一系列醇代萜烯清洁剂。在萜烯类分子中引进 1 个醇基，可使其对水生生物的毒性降至原来的 1/40，同时还有其他优点。如表 4－2 所示。

表 4－2　萜烯醇与 *d*－苎烯的性质对比

项　目	萜烯醇	*d*－苎烯	项　目	萜烯醇	*d*－苎烯
闪点/℃	>93	53	乳化温度/℃	>100	53
气味	可控	随氧化程度增大	可加热否	√	√
水生生物毒性/(mg/L)	41	1	毒性	较低	中等毒性
可再生原料	√	天气及需求	留残留物否	不	留(氧化后要残留)
水溶性(K_b)	>500	<100			

(三) 分子大小和相对分子质量

减少物质毒性的另一方法就是设计出一个新的原物质的类似物，且其相对分子质量比“原物质”大。如果分子的所有其他性质均保持不变而仅是相对分子质量增大，其对水生生物的毒性就会减小。一般来说，相对分子质量增大，毒性就会减少。相对分子质量大到1000后，其对水生生物的毒性就可忽略，因为这么大的分子不能扩散通过水生生物的呼吸膜。

化学物质对水生生物的毒性也会随其分子体积的增大而减小，这也是因为体积大的分子不易穿过水生生物的呼吸膜。一般来说，相对分子质量大于1000的聚合物的体积也较大，另外一些横截直径较大的物质单体的体积也较大。一般来说，最小横截直径大于1nm的分子不易于在水生生物呼吸器官中扩散和穿越。

例如，天然酞菁染料(Phthalocyanine Dyes)的最小横截直径大于1nm，因此，它对水生生物毒性就很小。即致命毒性和慢性毒性均很小。

对一些相对分子质量小于1000的物质，可以通过对其重新设计，以增大其最小横截直径而减小其毒性。

（四）离子对

一些盐类的正负离子之间相互作用很强，它们会以强离子对的形式存在，从而使得它们在水中解离度很小或根本不离解，造成其水溶性很低，对水生生物没有毒性。但也有一些强离子对，比如阴离子表面活性剂和阳离子表面活性剂，能在水中自分散。如果使一个可溶的带电物质转变为强离子对以后仍能保持其使用性质，则形成的物质对水生生物的毒性会减小。比如，阳离子表面活性剂对鱼、水生无脊椎动物和海藻有毒。又如，一些杀虫剂也配成阳离子表面活性剂或阴离子表面活性剂中性复合物以增大生物活性，如果能把这些杀虫剂配成阴离子表面活性剂:阳离子表面活性剂 = 1:1 的强离子对，则表面活性剂的毒性可以降至原来的1/100，这样配成的强离子对分散杀虫剂就比表面活性剂/分散剂体系对水生生物安全。

（五）两性离子

所谓两性离子(Zwitterions)是指分子中既含带正电基团，又含带负电基团的物质。如酸性蓝1号就是两性离子物质：

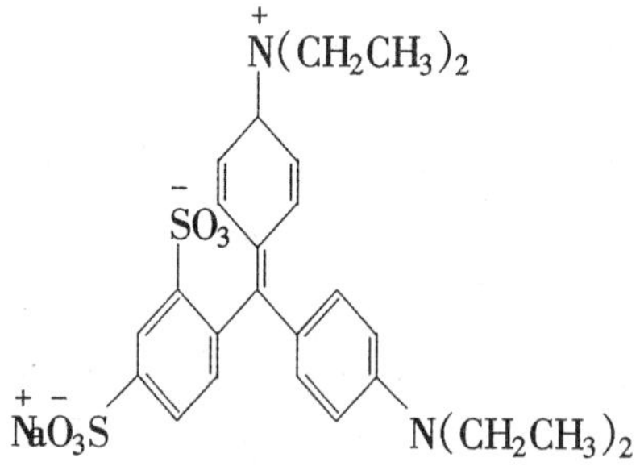

两性离子物质只要不是表面活性剂，其正负电荷是相等的，则一般来说对水生生物毒性很小。通常两性离子物质都不是表面活性剂，故对鱼、水蚤毒性很小，但是也发现一些两性离子物质在浓度小于10mg/L时对海藻有毒。

（六）螯合作用

螯合作用(Chelation)是指金属离子与有机分子键合的过程，通常有机分子中有2个或2个以上的供电原子(如O、N等)与金属离子形成多个共价键(如与 Co^{2+}、Ni^{2+}、Cu^{2+}、

Zn^{2+}、Mg^{2+}、Ca^{2+}等)最终形成环状结构，通常 O、N 配体与金属键合，形成五元或六元环，有机分子中的 S 原子也能与金属配位形成稳定的四元环。能与多价金属发生螯合作用的物质在软水中通常对水藻有毒，因它会与水藻需要的营养物质如 Ca^{2+}、Mg^{2+}、Fe^{2+}等螯合而使水藻失去营养。因此，若在将螯合剂释放到有水藻的软水中之前，就应让其与多价金属螯合，或将其释放到中等硬度的水中，就可减轻它对水藻的毒性。

三、对分子结构进行修饰

(一) 麻醉(Narcosis)与超额毒性(Excess Toxicity)

脂溶性相当的麻醉型化学药品与特征毒性型有机化学药品相比，后者的毒性要大得多。特征毒性型化学药品有环氧化物、卤代烃、丙烯酸酯、醛类、酯类、二硝基苯、硫醇等亲电性物质，如前所述，亲电性化学物质可与细胞内大分子中的亲核部位形成共价键，由于这些共价键的生成，使得细胞发生不能再复原的变化，因而引发不可逆的毒性。而麻醉性中毒则视其与水生生物的接触程度而定，通常是可逆的。一些本身并不具有亲电特性，但能在代谢过程中生成亲电性物种的物质称为“亲电前体(Proelectrophiles)”。

所谓超额毒性是指特征毒性型物质表现出的超过由麻醉模型 QSAR 推测值的毒性。即若由基于麻醉型毒性的 QSAR 推测的毒性为 TAP，而其实测值为 TAT，则超额毒性为 TAT - TAP。因此，我们在利用 QSAR 推测毒性时，一定要注意 QSAR 方程的使用条件，不能用基于麻醉型机理的 QSAR 方程式来推测亲电性物质的毒性。如表 4-3 所示，一些物质的实际毒性与预测值之间就有很大的差异。

表 4-3 一些物质的 LC_{50} 预测值与实测值的对比

物质	log *P*	LC_{50}/(mg/L)		
		超额毒性	预测值	实测值
3-氯-2-甲基丙烯	1.85	14	156	11
1,3-二氯-2-丙醇	0.20	680	11800	17
乙酸苯基乙二醇单乙醚酯	1.13	69	1480	22
烯丙基氯	0.65	160	4090	26
3-氯-1-丙醇	0.007	170	13700	81
乙二醇乙酸单甲酯	0.12	190	13000	69
1,2-环氧丙烷	-0.27	170	6600	97
丙烯酰胺	0.86	460	83000	180
烯丙基缩水甘油醚	-0.33	78	37600	480
环氧乙烷	-0.79	90	43800	490
烯丙基溴	1.59	<0.8	390	>490
1-氯-2,3-环氧丙烷	-0.21	23	22700	990
烯丙醇	-0.25	1	15700	15700
季戊四醇烯丙醚	-1.6	100	1840000	18400
丙烯醛	0.10	<0.08	6500	81000

一些可离子化的物质也显示出超额毒性，例如，用普通脂肪族胺的 QSAR 预测出三炔丙基胺的毒性仅为其实测毒性的 1/84。

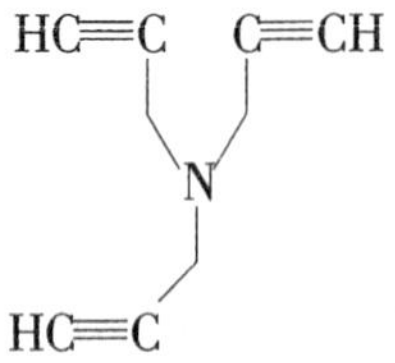

三炔丙基胺

含有烯丙基的物质、含有炔丙基醇的物质等也表现出超额毒性。

（二）利用结构修饰减轻超额毒性

可以通过结构修饰从空间上阻碍有毒分子亲电部分与目标细胞分子的作用而降低其特征性毒性，即将毒性减小到仅剩麻醉型。比如，用环状结构脂肪族胺，而相邻碳与多取代烷基相连，这样氨基就被隐藏了起来，其毒性就仅为用对脂肪族胺适用的 QSAR 预测的毒性的 1/25。又如，甲基丙烯酸羟乙酯，由于甲基位阻的存在，使其对水生生物的毒性比丙烯酸乙酯低了许多，但两物质有基本相同的商业用途。

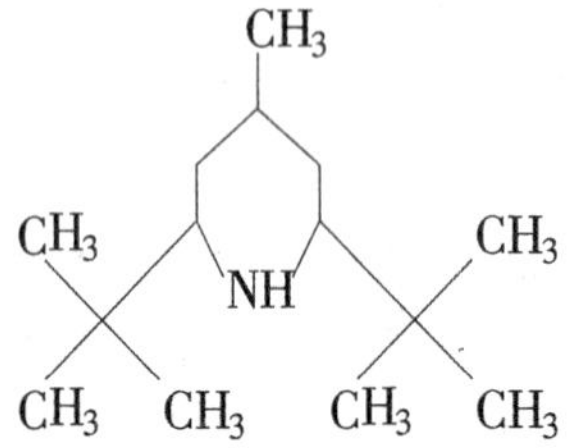

$H_2C = C(CH_3)COOCH_2CH_2OH$ $CH_2 = CHCOOCH_2CH_2OH$

$LC_{50} = 227mg/L$ 4.8mg/L

在苯酚苯环上引入 1 个羧基后，其对水生生物的毒性也大为减少，苯酚的不连续 96h LC_{50}为 47mg/L，而羟基苯甲酸的 96h $LC_{50} > 1000mg/L$。

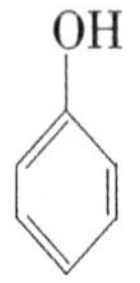

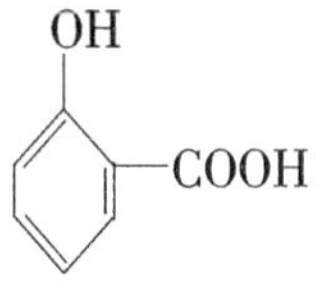

96h $LC_{50} = 47mg/L$ 96h $LC_{50} > 1000mg/L$

pH = 7 pH = 7

（三）染料

根据其基团特性，有机染料可分为四类：中性染料（非离子型染料），阴离子染料（带负电染料或酸染料），两性染料（分子中同时含有正电荷基团和负电荷基团）和阳离子染料（带正电荷）。对 200 多种染料的分析发现，对于带电荷染料（阴离子、阳离子及两性染料），均没有发现物理化学性质与对水生生物毒性之间有定量的 QSAR。因此，在对这些染料毒性进行分析时，常用 SAR 方法（在找得到数据的情况下）。但是，对于中性染料而言，则有定量的 QSAR 可用于预测其毒性。

1. 中性染料

中性染料（Nonionic Dyes 或 Neutral Dyes）分子中不含带电基团，上述关于麻醉型和特征毒性对水生生物的毒性的讨论也适用于中性染料。分散染料(Disperse Dyes),是一种典型的中性染料，通常难溶于水且熔点较高，因而对水生生物毒性很小。在设计更加安全的中性染料时，我们要设计得使其水溶性小于 1×10^{-9}(log P 高,熔点高)。此时，物质的生物活性几乎为零，因此，饱和接触及长期接触均不会有毒性。

如果需要中性染料溶解于水,我们可重新设计染料分子,在其上加上极性取代基,比如4个或更多的乙氧基、醇基、酮基等,当然加上基团后还是要考虑毒性效果。中性染料相对分子质量大于1000,或最小横截直径大于1nm,无论其水溶性如何,则对鱼和水蚤的毒性均很小。

2. 阴离子染料

阴离子染料(Anionic Dyes)通常又称为酸性染料，是含有1个或多个酸基团的染料。比如：

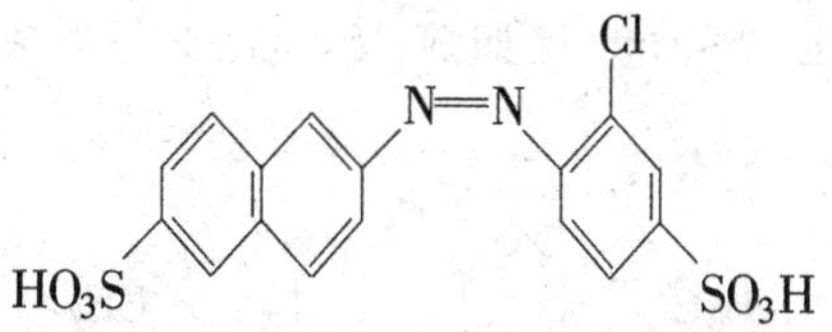

大部分酸性染料结构中均含有蒽醌、萘酚和二硝基苯，当其相对分子质量大于1000时，观察不到对水生生物的毒性。一元酸或不与金属螯合的二元酸相对分子质量小于1000时，对鱼类、无脊椎动物、海藻有中等毒性，含有偶氮键的染料则仅有中等毒性，有大于3个酸基的酸性染料对鱼和水蚤毒性很小。

因此，设计一元酸和二元酸染料的最佳方法是增大其相对分子质量，便其相对分子质量大于1000，这样可以不管分子是否含有毒性基团，比如二硝基、苯酚基、蒽醌等，分子对鱼类和无脊椎动物毒性均很小。如若我们需要染料的相对分子质量小于1000，则可增大酸基团的数目，使酸基团的数目大于3。

大部分酸染料，无论其所含羰基为几个，对水藻都有中等毒性，它会由于间接掩蔽而表现出毒性，这一间接毒性是由于染料的颜色引起的。由于染料的颜色，使得海藻不能很好地吸收太阳光而发生光合作用，因而影响海藻的生长。这一间接效应并不被认为是很严重的问题，因只要浓度变稀，海藻就会继续生长。

3. 金属化酸性染料(Metalized Acid Dyes)

金属化酸性染料就是与金属螯合的酸性染料，比如：

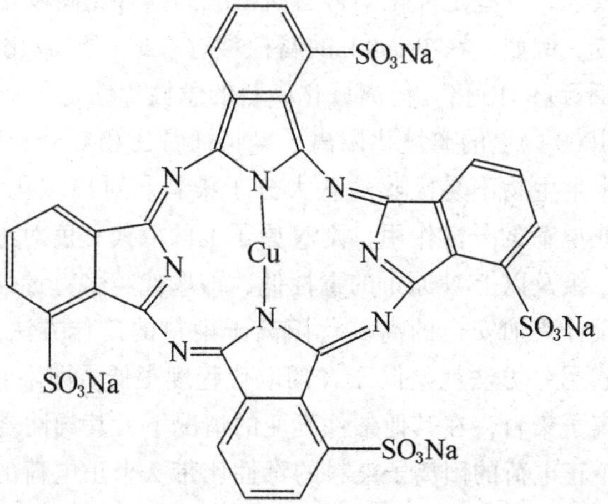

大部分金属化的染料都是酸性染料。其中被螯合的金属通常为铁、铜、钴、铝、镍、铬和锌等。这类染料通常含有未络合的金属，这些金属中铝、铬、钴等对水生生物是有毒的。

因此在设计更加安全的染料时，可增大其相对分子质量至1000以上，尽可能用铁、锌、铜等而不用铬、钴、铝金属等，尽可能让体系中没有螯合的金属减到最小。

4. 阳离子染料(Cationic Dyes)

阳离子染料是指相对分子质量从200到1000以上的以各种形式带有正电荷的染料，其正电荷可以在分子的碳、氮、氧、硫等原子上。一些阳离子染料也与金属形成配合物，其水溶性与之对应的阴离子有关。在有些阳离子染料分子中，其正电荷并不定域在某一个原子上，而是与其他杂原子，比如N、S、O、P等形成共轭体系，这类染料称为离域化阳离子染料。比如

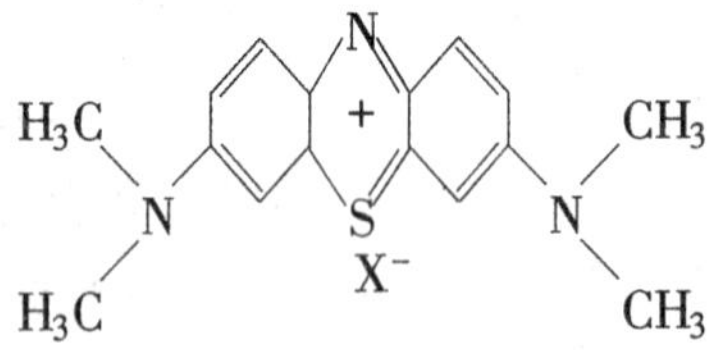

就是离域化的阳离子染料。与之对应，定域化阳离子染料是指一个或几个正电荷集中在某一特定的原子上，比如：

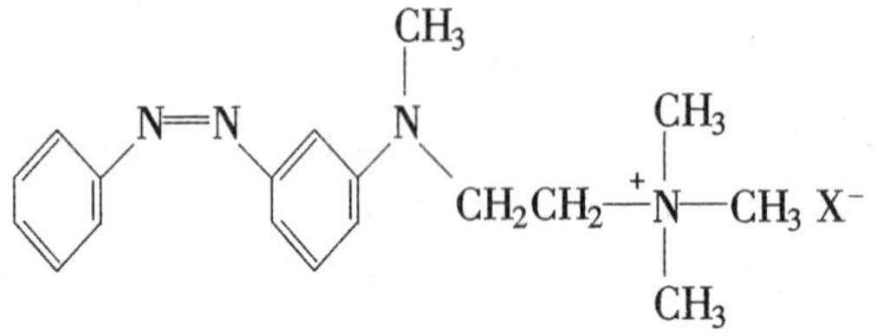

许多阳离子染料对水生生物均有极大的毒性，定域化阳离子染料分子会与水生生物膜表面结合，使膜功能瓦解，从而引发毒性，而且一旦被吸收还会引发内中毒(Systemic Toxicity)。

离域化的阳离子染料对水生生物的“表面毒性”要低一些，主要是内中毒而不是表面膜功能瓦解。实验发现，一些定域化染料与腐植酸的结合比离域化染料强，这对上述观点是一个有力的支持。例如，在10mg/L的腐植酸存在时，定域化染料对鱼的急性毒性(Acute Toxicity)降低不到9/10倍，但离域化染料的急性毒性则要降低19/20倍以上。

相对分子质量1000以上的离域化阳离子染料通常比相对分子质量1000以下的阳离子染料毒性低，因水生生物不易吸收这些大分子染料。对离域化含N阳离子染料，如果N原子参与了对正电荷的分散作用，则N原子上的取代程度对毒性有影响，含一级N原子者通常比含有二级及以上N原子的毒性低，即取代越多，毒性越大。

与前述相似，设计更加安全的离域化阳离子染料的最佳方法是增大其相对分子质量，使其大于1000；另一方法就是保证N的取代程度很低，即限制N上的取代。

对于定域化阳离子染料，在其他条件不变的情况下，其毒性会因其所带正电荷的降低而降低。即含1个正电荷的阳离子染料的毒性比带2个正电荷的阳离子染料低，带2

个正电荷的阳离子染料又比带 3 个正电荷的阳离子染料毒性更低，以此类推。我们可以通过减少染料所带正电荷的方法使其毒性减少或重新对其加以设计，使其成为两性染料。原则上讲，设计定域化或离域化阳离子染料，使其 log P 大于 8，则其水溶性和生物活性均会很小。但这未必普遍适用，因阳离子的性质使得分子有很大极性和溶解度，很难通过改变结构来减少。

5. 两性染料

两性染料(Amphoteric Dyes)即可表现出酸的行为也可表现出碱的行为，分子内同时含有带正电和带负电的基团，例如：

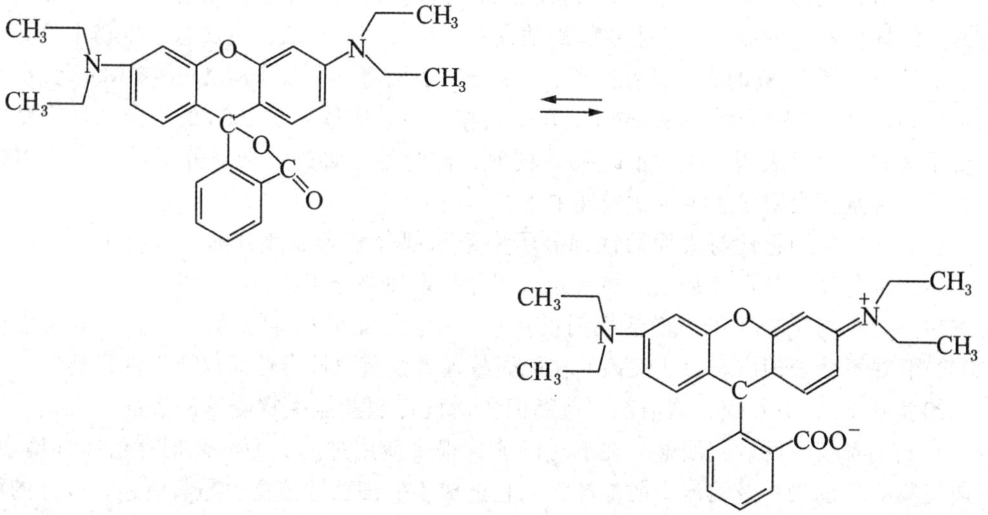

两性染料的毒性与染料分子中正负离子之比有关，如果分子中负离子多一些，则毒性会低一些(即靠近酸性的染料毒性低一些)。例如在两性染料分子中加入 1 个羰基可降低其对鱼和水蚤的毒性。

要设计对水生生物更加安全的染料化学品要遵循以下原则：

(1) 负离子数大于正离子数(电荷数)；

(2) 磺酸基优于羧酸基；

(3) 尽可能使相对分子质量大于 1000；

(4) 尽可能增大分子的最小横截直径。

在电中性或正离子(电荷)数大于负离子电荷数时，两性染料的毒性与酸性染料类似。

(四) 表面活性剂

表面活性剂既含有亲水基团又含有亲油基团，因此表面活性剂在水中能形成胶束。根据表面活性剂分子的带电情况，表面活性剂也可分为四种，即阳离子(正电荷)表面活性剂、阴离子(负电荷)表面活性剂、中性表面活性剂和两性表面活性剂。其基本结构为：

$$CH_3(CH_2)_{11}-\overset{\displaystyle CH_2OH \atop |}{\underset{| \atop \displaystyle CH_3}{N}}H^+\ X^-$$

阳离子表面活性剂

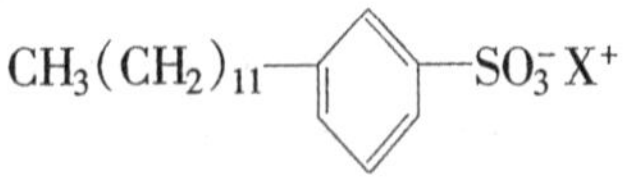

阴离子表面活性剂

$$CH_3(CH_2)_{11}(CH_2CH_2O)_xH$$

中性表面活性剂

$$CH_3(CH_2)_{11}\overset{+}{N}H(CH_3)CH_2CO\overset{-}{O}$$

两性表面活性剂

$CH_3(CH_2)_{11}R$，改变 R 的性质可得各种不同类型表面活性剂。

表面活性剂会破坏水环境与生物膜之间的界面，因此对水生生物有毒。即表面活性剂具有破坏生物膜的能力，使生物膜松弛，不再能发挥其功效，造成水生生物中毒。相对分子质量小于 1000 的表面活性剂既会表现出“表面毒性”(Surface Active Toxicity)，也对水生生物表现出“内毒性”(Systemically Toxic)；相对分子质量大于 1000 的表面活性剂则因其难于吸收，故仅表现出“表面毒性”。同时，除急性中毒外，相对分子质量小于 1000 的表面活性剂还会引发水生生物慢性中毒。

表面活性剂的毒性与表面活性剂分子中亲水部分和亲油部分的平衡有关。一般说来，亲水部分越大其毒性越强。如果亲水部分与亲油部分相比要小一些，则毒性会有一定减小。熔点高于 35℃的表面活性剂仅在热水中(比如 50℃)自分散，在自然环境温度(20℃)下并不会表现出表面活性剂的功能。故通常没有急性毒性而仅有慢性毒性。

20 世纪 60 ~ 70 年代，清洁剂制造商们主动设计制造能生物降解的表面活性剂，以减少它们的存留时间。很明显，在那时以前，很多使用过的表面活性剂存留在环境中，造成废物处理的失控及河流中的泡沫，而且造成疾病细菌的传播。如前所述，设计的可生物降解的表面活性剂中，主要是用直链烷基取代支链烷基作为表面活性剂的亲油部分，尽管这一改变增大了表面活性剂的可生物降解性，但同时也使它们对水生生物毒性增大。

因此，我们在设计表面活性剂时就面临这样一个挑战，即既要使其在环境中容易生物降解，又要使其对水生生物无毒。如果对其分子进行设计，使得其能降解为非表面活性剂且能继续降解成其他对水生生物无害的物质，这样就有可能同时减少或消除其毒性及在环境的残留(不可降解)。这就需要改变分子结构，使其更易被细菌进攻，发生生物降解。

要增大分子的可生物降解能力，就要在分子中引入不需要细菌分解的不稳定的功能团。理想情况是，表面活性剂的半衰期与其需要商用用途的持续时间相当，这才足以保证表面活性剂决不会不发生变化就达到了自然环境，或者即使未发生变化就达到自然环境，也不会存留长时间。

在表面活性剂分子亲水部分和亲油部分之间联结一个过氧基团—O—O—或许可以达到这一目的。过氧化物在自然环境的半衰期通常不超过 1h，在表面活性剂亲水部分和亲油部分之间加上一过氧基团可以保证它能很快降解为非表面活性剂。在表面活性剂分子亲水和亲油部分之间引进一个酯键 $-\overset{\displaystyle O \atop \|}{C}-O-$ ，也可使物质降解为非表面活性剂。

另外，设计表面活性剂分子使其相对分子质量大于1000，也可降低其对水生生物的毒性。例如，烷基酚是常用的表面活性剂或表面活性剂前体，而这族表面活性剂容易降解为烷基酚，烷基酚对水生生物毒性很大。因此，在设计制造表面活性剂时，要尽可能不用烷基酚。

（五）多负离子单体

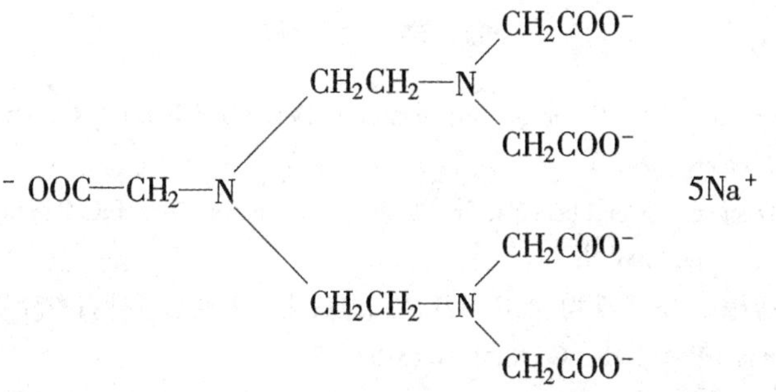

多负离子单体(Polyanionic Monomers)是指相对分子质量小于1000，在一短烷基链上含有1个或多个酸基，而化学性质像螯合剂的一类物质，比如乙二胺四乙酸(Ethylene Diamine Tetracetic Acid，简称EDTA)。多负离子单体可含有极性基团如羧酸基、硅酸基、磷酸基、磺酸基、硫醇基等。多酸单体上的酸基可以相同也可以不同。单体核可以包括C、Si、O、S、N中的1个原子或这些元素中的几个原子。

多酸盐(比如钠盐)通常有很大的水溶性，因此对水和水蚤(Daphinds)的毒性较低，但对绿水藻(Green Algal)有中等毒性。在软水中5～20mg/L $CaCO_3$ 的标准生长实验发现，多酸盐对水藻的毒性源于多酸对水藻的营养元素Ca、Mg、Fe等的过度螯合作用，从而阻碍了水藻的生长。因此，要消除多酸对水藻的毒性，就要减少其螯合能力。减少螯合物能力的方法有：改变酸种类；改变酸基之间的距离。

设计更加安全的多酸的方法有：

(1) 改变酸的种类(即：羧酸、磺酸、磷酸等)；

(2) 改变酸基之间的距离以确定多酸既对水生生物无毒又仍然可以用作螯合剂，设计的目标是降低螯合能力，以降低对水藻的毒性。

（六）有机金属化合物(Organo－Metallics)

许多有机金属化合物，如防污剂、杀虫剂、杀菌剂等均对水生生物有毒。在烷基金属化合物中，烷基汞(比如甲基汞)、有机锡(三乙基锡)、有机铅(四乙基铅)等等毒性很大。

要预防有机金属化合物的毒性，应遵循如下原则对有机金属化合物进行设计。

(1) 增大 $\log P$，使其大于8；

(2) 增大熔点；

(3) 增大相对分子质量使其大于1000。

（七）无机金属化合物

对所有生命形式而言，众多无机金属化合物均是十分重要的，生物细胞要吸收这些物质，但一旦吸收过量就会引发中毒，因此，其吸收也是需要严格控制的。例如，无机磷在制造生物能和使用生物能量时是十分重要的，但会过渡刺激水藻生长，使水环境营养过度。水藻过度生长会阻碍阳光穿过水层表面，影响其他水生生物的生长；而水藻死亡后，其生物分解过程又会消耗掉溶于水中的氧，造成水中缺氧，继而导致鱼类、无脊椎动物类等因窒息而死亡。与其他化学品不同，目前没有什么好的方法设计更加安全的无机金属化合物。我们只能尽量少用或不用那些已知对环境有害的无机金属化合物。

参考文献

1 Roger L Garrett. Designing Safer Chemicals. In: Stephen C Devito and Roger L Garrett ed. Washington, D. C.: American Chemical Society, 1996, 2

2 Stephen C Devito. Designing Safer Chemicls. In: Stephen C Devito and Roger L. Garrett. ed. Washington, D. C.: American Chemical Society, 1996. 16

3 王连生，韩塑睽，等编著. 分子结构、性质与活性. 北京：化学工业出版社，1997

4 Fessenden R J, Hartman R A. J Med Chem, 1970, 13: 52 ~ 54

第五章　绿色化学方法

由于在设计阶段就必须考虑化学品和化学过程对环境和对人类健康的影响，而化学品及其转化过程是多种多样的，故相应的绿色化学方法也必然是多种多样的。通常可分为如下几类，即采用催化剂、改变反应原料、改变反应试剂、改变反应溶剂、反应过程的监控和过程的强化等。

第一节　催化剂在化学反应中的作用

自从1836年瑞典化学家Berzelius提出催化作用这一概念后，催化剂及其在化学反应中的作用的概念一直在发展之中。首先我们来看表5-1所示的典型催化反应[1~4]。从表5-1可见，催化剂在化学反应中可起多种作用，对于反应1而言，$Fe-K_2O/Al_2O_3$催化剂体系加快了氮气与氢气反应生成氨的速率。对反应2而言，反应物完全相同，但采用不同的催化剂就得到完全不同的产物。乙醛与环氧乙烷是同分异构体，采用不同催化剂时，目标产物选择性均极好；反应2c是三个反应中热力学可能性最大的反应，但当采用反应2a、2b所用催化剂时，这一热力学可能性最大的反应并不发生。从这个例子可见，催化剂不仅能加快热力学上可能进行的反应的速率，同时催化剂还能有选择性地加快多种热力学上可能进行的反应中的其中一种反应，选择性地生成某一特定目标产物，即催化剂可控制反应产物化学物种的选择性。这一情况在合成气的反应中也很突出。合成气($CO+H_2$)在镍基催化剂作用下生成甲烷，在铜基催化剂作用下生成甲醇，在铑基催化剂作用下生成低碳醇，在铁基催化剂作用下生成汽油，在钴基催化剂作用下生成乙二醇，在钌催化剂作用下可合成聚甲醛等等[5]。反应3a~3c，化学反应的原料均为丙烯，且产物也都是聚丙烯，但是采用不同的催化剂，所得聚丙烯的立体规整性就不相同，由3a→3c所得聚丙烯的立体规整性增强，同时产物的熔点逐渐升高，反应条件也逐渐由高温高压变为低温低压。在这种情况下，催化剂在反应中起到了控制产物立体规整性的作用。对反应4的反应物，采用一般有机合成或一般传统催化加氢方法时，获得的产物往往是产物的各种可能的旋光异构体的外消旋混合物，而选用适当的催化剂后就可定向合成单一的旋光异构体。反应5和反应6均采用相同反应物，相同催化剂，不同操作条件(反应5为温度不同，反应6为接触时间不同)获得不同产物的典型例子，也就是说，催化剂与反应条件共同作用，控制产物的化学物种选择性。

在生命过程中，最需要高度的选择性和原子经济性，在生物体内进行的化学反应都是以酶作为催化剂的。这些酶催化的反应通常都是高度专一、高选择性和原子经济的。因此，这种酶催化剂被称为分子机器[6]，其大小以纳米计。从生物化学或分子生物学中可以找到一些酶的高级结构图及其作用机理的图示，的确很像一台工作万无一失的分子加工的机器。现在，对蛋白质分子的高级结构与其功能的关系的认识已很深入，足可以

表 5-1 典型催化反应的例子

反应编号	反应物体系	产　物	催化剂体系	温度/K	压力/MPa	相	催化剂作用
1	$1/2N_2+3/2H_2$	NH_3	$Fe-K_2O/Al_2O_3$	723	40.53	气、固	加快反应速率
2a	$C_2H_4+1/2O_2$	CH_3CHO	$PdCl_2-V$ 配合物	540	0.1013	液	相同反应物，不同催化剂作用下获得不同产物。催化剂控制化学物种的选择性
2b	$C_2H_4+1/2O_2$	C_2H_4O	Ag/Al_2O_3	520	0.1013	气、固	
2c	$C_2H_4+3O_2$	$2CO_2+2H_2O$	Ni	520	0.1013	气、固	
3a	nC_3H_6	$[C_3H_6]_n$	氧气或过氧化物	420～450	202.6	气	相同反应物，不同催化剂作用下得到不同立体规整结构的产物，催化剂控制了产物的立体规整结构
3b	nC_3H_6	$[C_3H_6]_n$	$Cr_2O_3\cdot SiO_2\cdot Al_2O_3$ 或 $MO_3\cdot Al_2O_3$	420～450	3.1	气、液、固	
3c	nC_3H_6	$[C_3H_6]_n$	Ziegler-Natta 催化剂	373	0.1013	气、液、固	
4	2-(6-甲氧基-2萘基)丙烯酸+氢	左旋二羟基苯丙氨酸（L-naproxen）	Ru 手性膦配合物			气、液	定向不对称合成旋光异构体
5a	CH_3CH_2OH	$C_2H_4+H_2O$	Al_2O_3	623～683		气、固	相同反应物，相同催化剂、不同操作温度下获得不同产物。催化剂与温度控制化学物种选择性
5b	CH_3CH_2OH	$(C_2H_5)_2O+H_2O$	Al_2O_3	523		气、固	
6a	CH_4+O_2	$CO+H_2$	Ni/Al_2O_3	673～1273	0.1013（气体时空速率约～10^5h^{-1}）	气、固	相同反应物，相同催化剂，不同接触时间下获得不同产物。催化剂与接触时间共同控制了产物化学物种选择性
6b	CH_4+O_2	二氧化碳$+H_2O$	Ni/Al_2O_3	>673	0.1013（气体时空速率约 $1000h^{-1}$）	气、固	

使人们能够从所需功能去设计高级结构，并在高级结构中设计多肽的序列，以便进行合成，这就是蛋白质工程学。它必将在医药和健康产业大显身手，为其他的反应，特别是工业应用中的化学反应开发分子机器提供广阔前景。尽管为化学反应过程设计分子机器比设计光电器件和其他机械加工设备要复杂得多，但由分子机器引发的社会、经济和环境效益却很大。

近年来的研究发现，不仅酶的功能像一台万无一失的机器，我们常用的化学催化剂也具有这种功能，其典型例子是环戊二烯金属络合物用作烯烃聚合反应的催化剂。Ziegler-Natta 催化剂是 50 年代发现的用于在低压下合成聚乙烯和聚丙烯的催化剂，是由烷基铝和三氯化钛组成的固体混合物。但对催化剂中金属原子周围的结构以及催化剂作用的机理并不清楚，从而对聚合物的结构和性能难于调控。60 年代，荷兰壳牌公司实验室的 Cossee 等为钛原子设定了合理的配位结构和配位原子间距，通过分子轨道法计算，提出了乙烯聚合反应中链增长的顺位插入机理。该机理让人联想到一台在分子水平上起作用的纺车，增长中的链与单体分子往复于两个顺式配位结构之间，如图 5-1 所示。

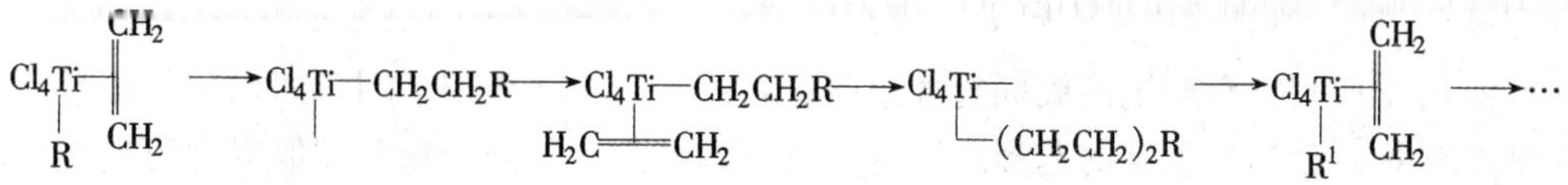

图 5-1　乙烯聚合反应的顺式插入机理

前苏联科学院的 Dyachovski 等曾指出，在由环戊二烯与金属钛形成的络合物中，金属原子钛上带有正电荷，因而络合物的性质应与 Ziegler-Natta 催化剂基本一致。John A Ewen 从 1980 年起开始研究 Ziegler-Natta 催化剂的奥秘，他在前人工作的基础上，将二环戊二烯及其衍生物与钛等金属原子的络合物开发成为乙烯和丙烯聚合反应的分子机器，通过对两个环戊二烯分子之间结构和对称性的安排，可以调控聚乙烯和聚丙烯侧键的定向。他还从两个环戊二烯分子之间安排不同对称性，得出了聚丙烯两种侧键的定向，正好证实了 Cossee 提出的单分子往复于两个顺式配体之间的顺式插入机理。如图 5-2 所示。

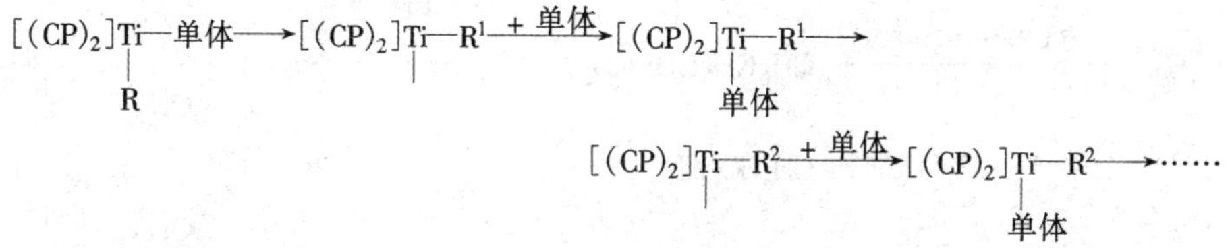

图 5-2　由环戊二烯钛作催化剂的烯烃聚合反应机理

图中[$(CP)_2$]代表二环戊二烯及其衍生物，R^1 比 R 增加了 1 个单体，R^2 比 R^1 增加了 1 个单体。

因此，不管是酶催化剂还是传统的化学催化剂，只要其具有高度的专一性，高的选择性，高的反应物转化率和反应的原子经济性，均可认为，它是在化学反应中具有各种特殊功能的分子机器。

第二节　绿色化学与催化

分析满足绿色化学要求的合成路线可见，催化可从各个方面满足绿色化学的要求。不管是酶催化还是传统的化学催化的反应，通常其所需要的能量更低，转化更为有效，这样可降低反应所需能耗，减少副产物、共生物和其他废物的生成。通常还可以把催化剂设计成环境友好的催化剂。在应用于化学、化工生产的化学反应中，非生物催化（Abiological Catalysis）占有尤为重要的地位[7]。催化在环境保护、绿色化学中具有十分重要的作用[8~10]。

一、催化与污染防治

催化已经在减少环境污染方面起到了重要作用：利用催化剂减少和消除发电厂废气及汽车尾气中 NO_x 的排放，以改善空气的质量；利用催化剂以减少挥发性有机溶剂的使用；利用催化技术取代使用氯或有含氯中间物的合成方法和过程，并减少污染物的生成等等。

催化在新的、不产生污染的合成途径中将继续起重要作用。利用催化剂，化学反应会更加有效，会具有更高的选择性，这样就可以减少大量副产物和其他废物的生成；利用催化剂，可改善化学反应的条件，比如降低反应温度和反应压力从而降低能耗，消除某些有毒反应介质的使用等等。总之，催化剂的利用常可以同时满足若干个绿色化学的要求。

二、新的反应原料需要新的催化剂来活化

在第二章中曾经提到，目前我们使用的大部分化学化工原料均来自于石油。而石油资源正面临枯竭的威胁，我们必须寻找新的可再生的化学化工原料，新的反应原料就必须有新的催化剂来活化。在可再生原料中，除生物资源外，二氧化碳也可看作可再生资源。

例如，传统的邻苯二酚的生产方法是以苯和丙烯为原料，经多步反应合成：

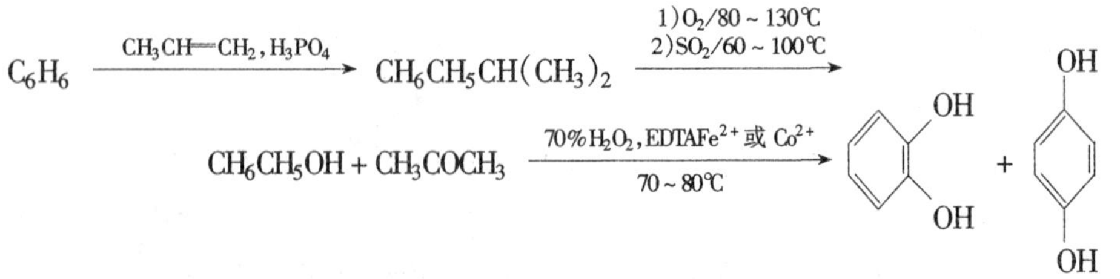

该方法使用有毒害的苯为原料，合成路线长，产生副产物丙酮和对苯二酚，同时还要使用二氧化硫等不安全物质。Draths 和 Frost 等则采用安全无毒的反应原料葡萄糖。这就需要能使葡萄糖活化，并定向转化为邻苯二酚的催化剂，他们采用酶 *E. Coli* 实现了这一过程，这样不仅避免了风险原料和试剂的使用，副产物也大为减少。

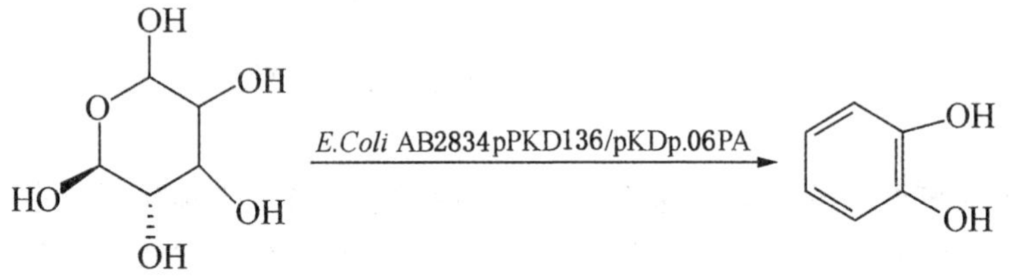

三、催化与反应过程的改善

新的反应路线、反应过程需要使用新的催化剂来实现，对原有过程的催化剂进行改善，可提高过程的效率。

（一）乙醛的合成

通过仔细挑选金属催化剂而使过程对环境更加友好的例子是乙醛的合成。传统合成方法是，以乙烯和氧气为原料，用 $PdCl_2$ 和 $CuCl_2$ 水溶液作催化剂，在反应过程中，$PdCl_2$ 被还原为 Pd（零价），Pd（零价）与 $CuCl_2$ 反应生成 $PdCl_2$ 和 $(CuCl_2)^-$，氧又将

$(CuCl_2)^-$氧化，使 $CuCl_2$ 复原。这一方法需要使用大量的催化剂，这样使得溶液中 Cl^- 的浓度较大，溶液中大量的 Cl^- 会导致有机氯化物副产物的生成。这些氯化物副产物不仅影响了产品的纯度，而且对人类的健康和环境都有害。近期的研究表明，如果用钒的配合物代替 $CuCl_2$，则催化剂 $PdCl_2$ 的用量可大幅度减少，这样溶液中 Cl^- 的浓度也就大为减少，减至原来的1/100～1/400，这样就大大降低了生成氯化有机物的可能性。

（二）对苯二酚的合成

由苯合成对苯二酚，传统合成方法要经历一系列氧化还原过程，生成大量的盐副产物(废物)，同时，还要多次使用硫酸、盐酸等有腐蚀性的物质，如图5－3所示。

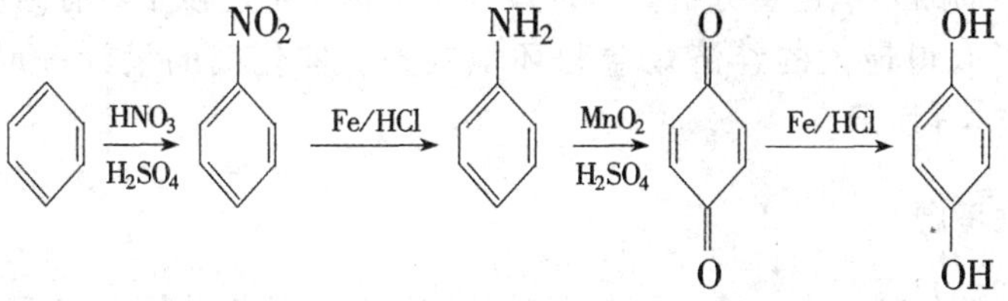

图5－3　由苯生产对苯二酚的传统方法

近年来发展了新的环境友好方法，新方法仍以苯为原料，用分子氧氧化得对苯二酚，如图5－4所示。

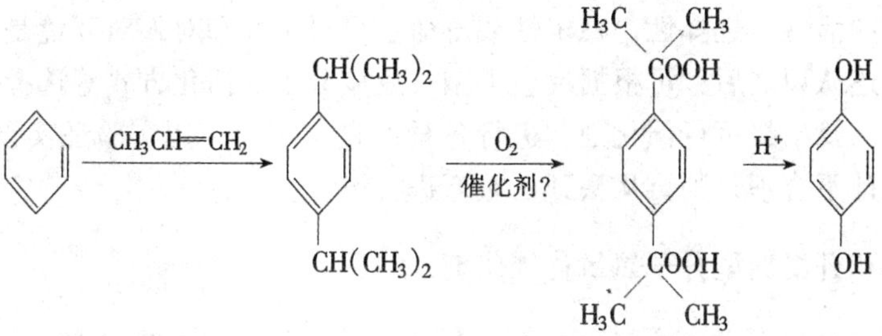

图5－4　新的合成对苯二酚方法

这一新方法，虽然也不是原子经济的反应，但由于反应步骤减少，且只有最后一步会有副产物生成，其对环境的友好程度已大大优于传统方法。当然，若能找到直接用分子氧氧化苯的新催化剂，则过程的效益会大为增加。

$$C_6H_6 + O_2 \xrightarrow{\text{催化剂}} HO—C_6H_4—OH$$

（三）羰基化合物的合成

Varma 等利用微波与催化剂共同活化的方法，在不用溶剂的条件下把醇类转化为羰基化合物，这样就消除了有机溶剂的使用。

$$R_1C(OH)R_2 \xrightarrow[\text{微波}]{\text{催化剂}} R_1COR_2$$

而传统的方法不仅需要有机溶剂，而且还要使用像三氧化铬、高锰酸钾这一类会造成盐污染的氧化剂。

第三节　高效无害催化剂的设计

前已述及，催化剂在绿色化学中具有重要地位，老工艺的改造需要新催化剂，新的反应原料、新的反应过程需要新催化剂，因此，如何设计和使用高效无害催化剂，也就成了绿色化学研究的重要内容之一。

所谓催化剂设计，就是指人们按照自己的意图制造目标催化剂的工作，它代表一种构思，而不一定要画出图纸。也就是对指定的反应，或者需要制造的某种产品，应该如何选用一种催化剂的知识逻辑分析。这种设计出的催化剂应该是具有高度的专一性、高效的选择性，能取得最大的经济效益和环境效益。催化剂的设计一般按如下步骤进行[12,13]，如图5-5所示。

一、总体性考虑

在着手设计催化剂之前，首先要对面临的问题作总体性分析，如反应的可行性，最大平衡产率，要求的最佳反应条件，可选用的原料，反应的原子经济性，在实际使用中可能会遇到的问题，催化剂的经济性，催化反应的经济性等等。

对催化剂和催化反应有一个总体性的合理了解之后，接着就应分析催化剂设计参数的几个要素，如活性、选择性、稳定性或寿命、可再生性和对人对环境是否无害等。

在有了上述认识之后，可根据反应类型、反应分子的活化方式等选择催化剂的类型和可选用材料，找出最可行催化剂，进行各种改良与调变。用实验证实设计的可行性，若实验证明设计不合理，则再从头开始重新进行设计。

二、设计和开发新型分子氧氧化催化剂

在化学化工过程中常用的氧化剂有：分子氧、过氧化氢、臭氧和其他无机氧供体，如次氯酸钠、次溴酸钠、硝酸、亚硫酸氢钾、三氧化铬、高锰酸钾、重铬酸钾等等。采用无机氧供体作氧化剂时，常常会生成大量的盐废物，不仅造成环境污染，同时也造成资源浪费。因此，目前迫切需要设计使分子氧活化的催化氧化催化剂。

对不同的反应体系(包括催化剂)，其氧化过程的机理不同。

对于照Haber-Weiss机理进行的反应，由于反应过程中金属离子引发烷基过氧化物分解为自由基，自由基产生后反应按照自氧化机理进行，这类反应无选择性，我们在催化剂设计时应尽量避免这类反应发生。

如果催化剂对氧的活化是依配体氧化机理进行的，即金属(催化剂)氧化与之配位的配体物质(反应原料)，然后还原态的金属与供氧体(氧)的末端氧反应，使金属回到氧化状态，则反应有选择性；若氧供体在催化剂上发生转移，反应也有选择性。因此，目前应致力于设计活化分子氧的，按后两类机理发生反应的催化剂。

分子氧当然是最清洁的氧化剂，但有时受反应条件限制，也采用过氧化氢或臭氧作为氧化剂。过氧化氢比臭氧贵得多，但过氧化氢中含有47%的活性氧，其氧化产物为水，是环境可接受的副产物。臭氧也是环境可接受的氧化剂，它氧化其他产物后变为分子氧，其缺点

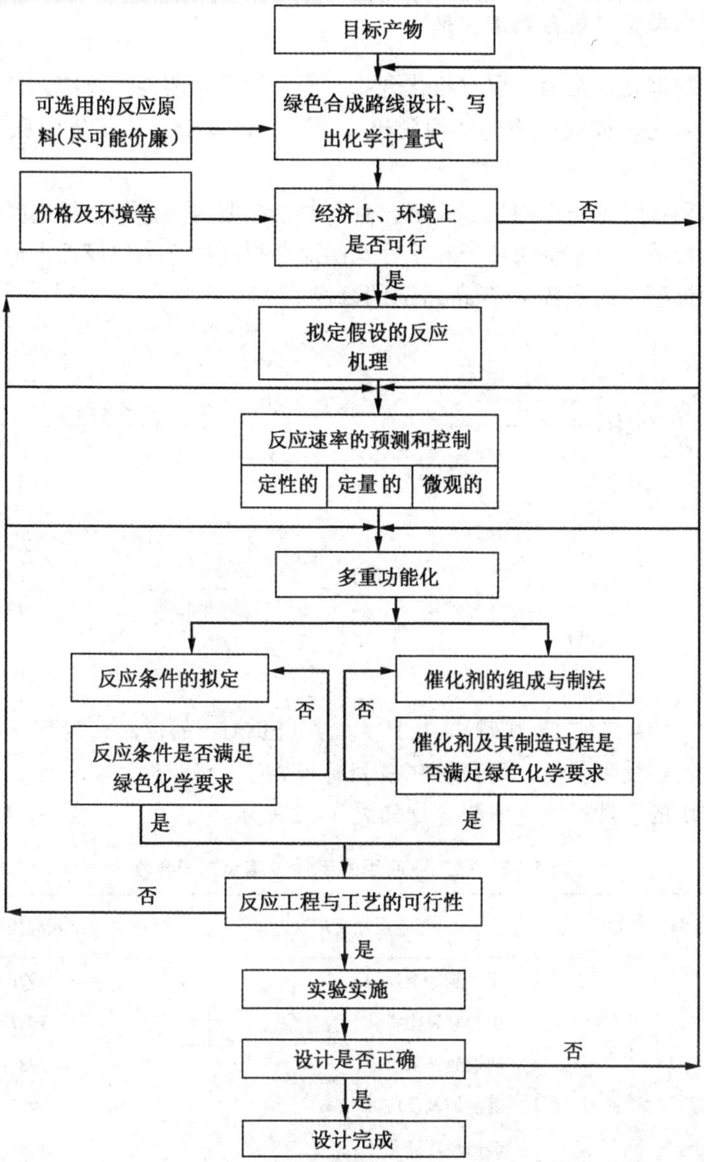

图 5-5　高效无害催化剂设计框图

是，使用时需要特殊的处理方法和特殊的发生装置。

采用晶格氧选择氧化烃类也是近年来颇受重视的方法[4]。采用循环流化床提升管反应器，将烃类原料和空气分开进料，在提升管反应器中，烃分子与催化剂的晶格氧反应生成氧化产物，失去晶格氧的催化剂被输送到再生器中，用空气中的氧将其氧化到原来的状态，然后再送入提升管反应器完成还原－再氧化循环。这种新方法在没有气相氧分子存在的条件下进行烃类的氧化反应，能大幅度提高烃类选择氧化的选择性，而且因不受爆炸极限的限制，可提高原料浓度，使反应物容易分离回收，是控制深度氧化、节约资源和环境保护的有效催化新技术。

三、设计新型金属配合物催化剂

金属配合物催化剂常为金属有机化合物，通常用于均相催化反应，这类反应主要包括有反应物的氧化加成或产物的还原脱出，同时，还有金属原子周围原子和化学键的重排。

手性金属配合物可用作均相催化剂，且同时能控制对映体的立体选择性。选择合适的反应条件、合适的中心金属离子和手性基团对获得高的立体选择性十分重要。一个重要的例子是，抗感染药奈普生(Naproxen)的合成。

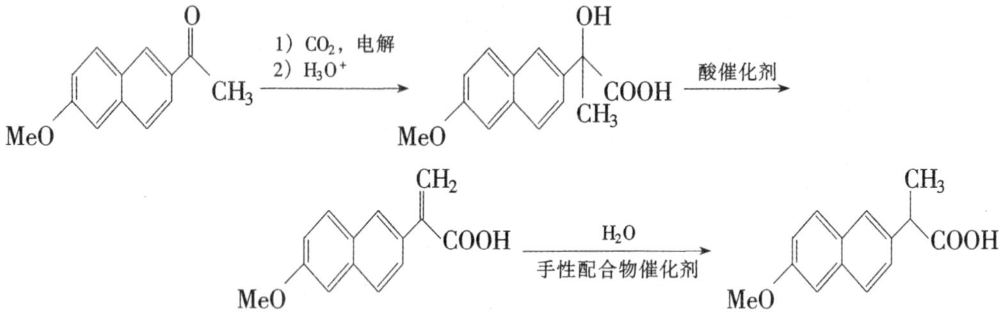

S－奈普生，97%

利用含有2,2′－二(二苯基磷)－1,1′－二萘(BINAP)的过渡金属配合物，该配合物中由于单键的转动受到限制。可获得97%目标产物S－奈普生。

已工业应用的手性过渡金属配合物如表5－2所示。

表5－2 已工业应用的手性过渡金属配合物

手性过渡金属配合物	工业应用反应	工业应用时间
RuBINAP	用于胺加氢反应	1991年
RuBINAP	生物碱异喹啉化	1987年
RuBINAP	萜烯醇加氢反应	1987年
RuBINAP	丙酮加氢反应	1911年
Cu Sthiffbase配合物	链烯烃环醛化	1985年
RhBINAP	薄荷醇	1990年

四、设计新型分子筛催化剂

分子筛是结晶态无机高聚物，由硅铝酸盐组成，具有开放的骨架结构。天然分子筛(八面沸石)具有足够大的孔结构，可用于石油炼制。合成八面沸面分子筛现已大规模商业应用，已成为石油工业的重要催化剂。

从结构上看，分子筛具有四面体形XO_4结构，其中X与其他X共用氧离子。X可以是三价的(铝、硼、镓)、四价的(锗，硅)或五价的(磷)原子。分子筛孔径大小由四面体单元数确定，按四面体单元数的多少可分为大孔、中孔和小孔分子筛，其相应的最大自由孔径为0.75、0.67和0.43nm。

分子筛催化剂大量用于多相酸碱催化，如烃类转化。分子筛的酸性是为保证中性而与表面结合的质子造成的。

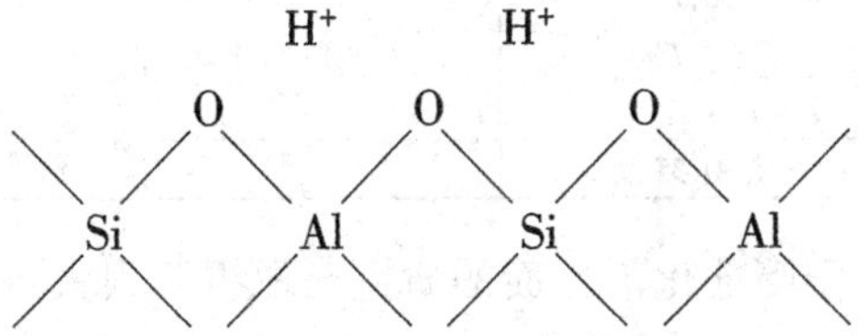

顺磁共振谱研究也发现了一些超酸位。

将分子筛用于石油催化反应取得了惊人的成果。例如，对丁烯的烷基化反应，传统方法是用氢氟酸或硫酸作催化剂，尽管反应的效率也较高，但要使用大量的腐蚀性酸，并产生大量的无机盐；氢氟酸还能循环使用，但硫酸却不能，还需要不断地移去。采用分子筛固体酸催化剂后，不仅消除了腐蚀性酸的使用，同时也不生成无机盐、废物。

$$CH_3—CH(CH_3)—CH_3 + CH_2═CH—CH_2CH_3 \xrightarrow{\text{酸催化剂}} CH_3—C(CH_3)—CH_2—CH(CH_3)—CH_3$$

分子筛还能用于碱催化或酸碱双功能催化,已用于大宗化学品的生产,但没有酸催化广泛。然而在精细化学品和特殊化学品方面,碱催化无疑要起很大作用。例如,4－甲基噻啉的合成(一种杀真菌剂)，就需要铯分子筛催化剂而不再采用氯或二硫化碳及氢氧化钠。

对分子筛进行化学修饰可改变基于分子筛形状的选择性，这将使分子筛催化剂有十分广阔的应用前景，并适用于各种不同的应用。一个成功的例子是2,6－二异丙基萘的合成。采用传统的合成方法，通常得到2,6－异构体、2,7－异构体及3,4－异构体的混合物。

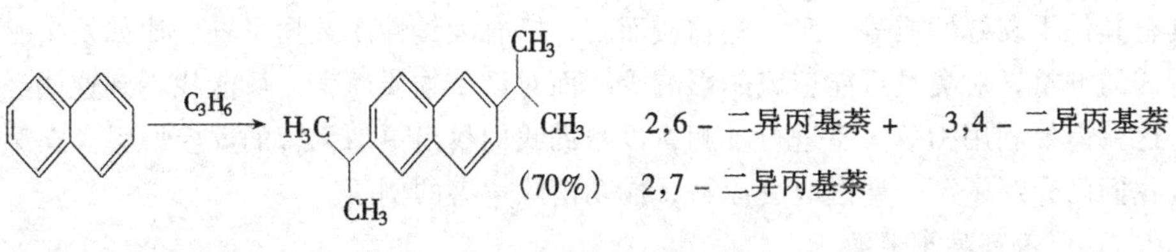

采用特殊聚合物液晶聚合物来分离2,6－和2,7－异构体不仅十分麻烦而且十分昂贵。传统方法采用的SiO_2/Al_2O_3催化剂具有大孔，不能区分3－取代和4－取代异构体的差异，也不能区分2,6－、2,7－异构体的差异。采用更小孔的分子筛可抑制3－取代及4－取代物的生成，但仍要生成等量的2,6－及2,7－取代异构体。采用C型丝光沸石后，3－取代及4－取代异构体的生成被完全抑制，2,6－异构体与2,7－异构体的比例为7:3,即大部分产物为2,6－异构体。表5－3给出了采用不同催化剂时，所得产物的分配情况。

表5-3 采用不同催化剂时萘烷基化所得产物的分配情况

催化剂	孔径/nm	2,6-异构体/2,7-异构体	2,6-异构体/%
SiO_2/Al_2O_3	6.0	1	32
L分子筛	0.71	0.8	22
B分子筛	0.73	1	37
C型丝光沸石	0.7	2.7	70
ZSM-5沸石	0.55	活性很低	

从60年代以来，分子筛催化剂方面的研究已取得了很大进展。由于目前可以利用计算机进行分子筛催化剂的设计，预计其进展将会越来越快。

分子筛催化剂可取代对健康、对环境明显有害的物质，如氢氟酸、硫酸等，因而分子筛催化剂被认为是对环境更友好的催化剂。同时，由于使用分子筛催化剂后，选择性增加、活性增加，无疑将使分子筛催化成为绿色化学中最有希望的领域之一。

第四节 改变反应原料

一个化学品合成所采用的反应类型或其合成路线在很大程度上取决于所选用的原料，原料一旦选定，就必须要选择某些类型的反应。原料对合成路线的效率、过程的环境效应和对人类健康均有极大的影响。原料本身的生产者、原料的保存和运输过程中的操作管理者、原料在使用过程中的加工者会面临多大的危险，是在选择原料时要加以考虑的。对于某些大宗化学品的生产，原料的选择可能改变市场状况，因为有些物质的主要功能就是作为原料[1,2]。

一、改变反应原料的一般原则

（一）考虑原料本身的危险性

当然，我们希望使用无毒无害的原料。因此，在选择原料时，就必须考虑它是否对人对环境无害，是否具有比如毒性、发生意外事故的可能性，是否会破坏生态环境，是否具有其他不友好性质等。对一些物质而言，已有大量性质数据可查，比如发生燃烧反应所需的剂量，对臭氧可能造成的影响等。而对许多物质而言，可能找不到这些经验数据，这就需要利用构效关系进行推测，以帮助我们找出更加无害的反应原料。在第二章中，我们已介绍了部分通过改变原料，成功清除危害的例子。

（二）使用可再生资源

目前，90%以上的有机化学品都是以石油为原料加工合成的。石油加工是一个高耗能的产业，比如，在美国石油炼制所耗能量就占其总消耗量的15%[1]。由于原油质量在不断下降，这种能耗还会不断增加。在由石油转化为有用的有机化学品的过程中，通常要发生氧化反应，而氧化步骤是历史上污染严重的步骤。同时，考虑到石油、天然气、煤等化石资源面临枯竭的危险，故应减少对这类资源的依赖。农业资源和生物资源是很好的替代品。近期的研究表明，许多农产品，比如玉米、马铃薯、大豆、糖浆等均可转化为有用化学品，比如纺织品和尼龙等。农业废物、生物质和非食物性生物制品通常都含有木质纤维素，也可作为化学化工原料。生物质的有效利用还可解决其他环境问题。

二、生物质作为化学化工原料的利弊

（一）采用生物质作为化学化工原料的优点

（1）生物质可给出结构多样的产品材料，通常具有特定的立体结构和光学特征结构，使用者可在合成过程中利用这些已有的结构因素。

（2）生物质的结构单元通常比原油的结构单元复杂，如能在最终产品中利用这种结构单元结构的复杂性，则可减少副产物的生成。

（3）由原油的结构单元衍生所得物质，通常是没有被氧化的，而在碳氢化合物中引入氧的方法是极其有限的，且常需要使用有毒试剂(比如铬、铅等)，造成环境污染。而由生物质衍生所得物质常常已是氧化产物，无需再通过氧化反应引入氧。

（4）增大生物质的使用量可增长原油的使用时间，为可持续发展作出贡献，为一些必须使用石油作原料的产品的生产提供保证。

（5）使用生物质可减少二氧化碳在大气中浓度的增加，从而减缓温室效应。因生物在形成过程中要吸收二氧化碳，故在大气中二氧化碳浓度的净增加会受到抑制，甚至达到平衡态。

（6）化学工业使用更多的可再生资源可使其本身在原料上更有保障。由于原油仅产于世界少数国家和地区，因而其价格易随国际关系的变化而变化，进而使化学工业本身受到大的影响。

（7）生物质资源比原油有更大的灵活性。原油的组成和性质与一系列地理因素有关，生物质的结构单元具有结构多样性，可用于生产不同的产品，同时，利用基因工程，还可以对植物的生长进行调变，使植物长出更多我们需要的化学品所需的结构。

（二）生物质作为化学化工原料的缺点

（1）在经济上还不具备竞争力。石油工业已相当成熟，从石油开采到从原油中提取出各种有用的烃类，再将其加工成为中间物或最终化学品，已形成了大规模的、高效的生产系统。许多得到高纯单一产品过程的操作及其机理均已被人们掌握。这些都使石油工业在经济上具有相当的竞争力。而利用生物质作原料的化学工业系统仍处于研究开发之中，经济上还没有竞争力。

（2）现在考虑用作化学化工原料的生物质是传统的食品原料，把食品原料改作化学化工原料是否合适？生物质需要土地来种植，大面积的种植对环境又有何影响？是否有足够的土地资源供种植化学化工上所需使用的植物？传统的化石原料(石油、天然气、煤)可从“三维”获取，即在一个小面积范围内可集中大量的化石原料，但种植生物质则是“二维”的，不可能在一小面积区域内集中种植获得大量的生物质原料。

（3）生物质的生产季节性很强。植物的生长有季节性，在一年中，一定时间种植，一段时间之后才能收获，这就要求使用生物质作原料的工厂要很好地制定生产计划。而实际上，现在的化学品生产厂家要求天天有相同质量的原料供应，改换为生物质之后，很可能年初和年底得到的原料质量就不尽相同，无疑将对生产产生很大的影响。

(4) 生物质的组成极为复杂，不同种类的物质，其组成和性质都可能不尽相同，若需要对每一类生物质有针对性地修建工厂，这将使生物质的利用变得十分困难。同时，传统的化学品生产装置可能还不能处理由生物质提取得到的结构单元，从而获得我们需要的化学品，故传统化学品生产商还需要重新认识、学习这方面的知识，也还需要再投资，这是目前他们还不十分乐意做的。

第五节　改变反应试剂

反应原料选定后，接着要考虑的是利用哪一条合成路线、哪一些合成步骤来完成目标产物的合成。目前，合成化学已能为我们提供许多实现目标产物合成的方法和实现结构修饰的方法。当合成步骤明确之后，对每一步的试剂仍有各种可能的选择。绿色化学要求选择合成效率高的，可实施的，对人类健康和环境无害的试剂，以实现原子经济的、无废物排放的催化转化。目前绿色化学在这方面的研究已取得许多进展。例如，借助于光照取消一些试剂的使用；尽可能使用可复原的催化剂来实现反应，将反应试剂负载化而实现反应等[6,7]。氧化剂、还原剂等均可使之负载化。例如，在叔烃氧化为酮的反应中，传统方法是使用乙酸铜与过氧化氢在水溶液中反应，而把硝酸铜负载在浸有过氧化氢的 K10 白土上亦可很好地实现此反应。

第六节　改变反应溶剂

许多已工业应用的合成反应均是在溶液中进行的。因此，在合成化学中经常要考虑“选用什么样的溶剂？”这一问题，当然我们也可以进一步考虑这样一个问题：“反应必须要使用溶剂吗?”。由于合成化学中常用的溶剂是挥发性有机物，对环境有较大的污染，故绿色化学研究可完成相同反应的无害溶剂系统或无溶剂系统。目前研究的有效方法有：

一、水溶液系统

在第二章中，我们已叙及采用水溶液系统作为反应溶剂的若干特性。因此，在可能情况下，应尽量使用水作溶剂而不要采用有机溶剂。

二、离子溶液

离子溶液具有以下优点[3,4]：

(1) 可操作温度范围大($-40\sim300$℃)，因而可进行各种动力学控制；

(2) 对大量的无机物、有机物和高分子化合物有很大的溶解度，因而所需反应器的体积不大；

(3) 表现出 Brönsted 酸酸性、Franklin 酸酸性和超强酸性；

(4) 蒸气压很小，几乎观察不到；

(5) 对水敏感但有的并不怕遇水，甚至能与水共同使用，故易于工业应用；

(6) 热稳定性较好；

(7) 相对便宜且易于制备。

因此对许多有机化学反应，如低聚反应、聚合反应、烷基化反应、酰基化反应来说，离子溶液是良好的溶剂。Seddon[4]等的研究发现，将离子溶液用于 Diels - Alder 反应，其效果与传统的高氯酸锂二甲醚混合物完全相当。

三、溶剂的固定化——高分子溶液

为了克服传统溶液化学中的溶剂的污染，麻省理工学院的研究者们开发了一系列高分子溶剂[1]。以现用溶剂为基础进行聚合反应得到现行溶剂的聚合衍生物，它们在化学合成、分离和清洁等过程中具有现行溶剂的溶剂化作用，但却不会挥发到空气中和释放到水介质中造成污染。这类溶剂可以单独使用，也可用高级烃类稀释后使用。通过过滤等即可分离回收高分子溶剂。

四、无溶剂化

彻底解决溶剂污染的最佳办法当然就是完全不使用溶剂。Bandger 等[5]使用环境友好催化剂与微波作用相结合，成功地实现了由二甲氧基(或二羟基)苯甲醛(或酮酚)与 Meldrum 氏酸合成 3 - 羰基香豆素的反应。微波与催化剂结合而不使用溶剂的方法，在有机合成中保护反应、去保护反应、氧化反应、还原反应、重排反应等方面均十分有效[6]。

五、超临界流体

(一) 超临界流体

当流体的温度和压力处于它的临界温度和压力以上时，称该流体为超临界流体。将纯物质沿气液饱和线升温，当达到临界点时气液界面消失，体系的性质变得均一，不再分为气体和液体。在压力 - 温度图上，温度高于临界温度、压力高于临界压力的区域属于超临界流体状态。一些常见超临界流体溶剂的超临界参数如表 5 - 4 所示。

表 5 - 4　一些常用超临界流体的临界性质

物　质	二氧化碳	乙烷	乙烯	丙烷	丙烯	环己烷	异丙醇	苯	甲苯	水
临界温度 T_c/K	304.2	305.4	282.4	369.8	365.0	353.4	508.3	562.1	591.7	647.3
临界压力 p_c/MPa	7.37	4.88	5.04	4.25	4.62	4.07	4.76	4.89	4.11	22.05

二氧化碳是超临界流体技术中最常用的溶剂，它的临界温度为 304.2K (即 31.5℃)，可在室温下实现超临界操作；它的临界压力为 7.37MPa，也不算高，设备加工并不困难。这样能耗也比较小。研究表明，超临界二氧化碳对多数物质具有较大的溶解度，而水在二氧化碳中的溶解度却很小，这些性质使得在近临界或超临界二氧化碳中分离有机

物和水十分方便。二氧化碳还具有不可燃、无毒、化学性质稳定、价廉易得等优点。

溶质在超临界二氧化碳中的溶解度与超临界二氧化碳的密度有关，而超临界二氧化碳的密度又决定于它所处的温度和压力。研究表明，当二氧化碳的对比温度为 1.10 时，若将对比压力从 3.0 降低到 1.5（即二氧化碳的压力从 22.1MPa 降至 11.0MPa），其对比密度将从 1.72 降至 0.85（即二氧化碳的密度从 806kg/m^3 降至 398kg/m^3）。如果维持二氧化碳的对比压力为 2.0 不变，把对比温度从 1.03 升高到 1.10（即从 313K 升高至 335K），其密度则从 839 kg/m^3 降至 604 kg/m^3。一般来说，正是超临界流体的这种温度或压力变化引起的明显的密度变化，使得超临界流体对物质的溶解度发生明显变化，从而实现超临界分离。

（二）超临界流体的传递性质

虽然超临界流体的密度与液体的密度相近，但其粘度却只有液体的近百分之一，因此其流动性要比液体好得多。在相同流速下，超临界流体的流动雷诺数比液体要大得多，所以传递系数也比液体中大得多。溶质在超临界流体中的扩散系数虽然只有在气体中的几百分之一，但却比在液体中大几百倍。这些都表明，物质在超临界流体中的传递比在液体中要好得多。

1. 粘度

气体和液体的粘度都可以用牛顿公式来表示，即

$$\mu = \tau yx/(\mathrm{d}\mu x/\mathrm{d}y)$$

但粘度的机理却极不相同。随着温度的升高，气体的粘度是增大的，而液体的粘度却是减少的。在超临界条件下，流体的粘度既不同于气体也不同于液体，此时，流体的密度已与液体的密度接近，由于压力高，流体分子运动的平均自由程已很小，以致分子的平动变得很小，与液体类似，分子的运动更多地被限制在由邻近分子围成的“笼子”范围内，分子振动的影响变得十分明显。所以，超临界流体的粘度有向液体靠拢的倾向。

2. 扩散系数

超临界流体扩散系数的值可以处于气体扩散系数和液体扩散系数之间的一个很大的范围内，其值随温度和压力的变化有很大的变化。要从机理上说明超临界流体中物质扩散系数的变化规律是很困难的。在临界点附近，物质在超临界流体中的扩散系数变得很小，其数值向在液体中的扩散系数靠拢；在较高的对比压力下，各对比温度下扩散系数与压力的乘积近似为常数，即在给定温度下，扩散系数与压力成反比；物质在超临界流体中的扩散系数随温度升高而增大。

3. 偏摩尔体积

在超临界流体中，无限稀释溶质的偏摩尔体积是负的，在靠近临界区，这个负值很大，有时可达 -1000～-16000mL/mol。

（三）超临界流体用作化学反应溶剂的优点

用超临界流体作为化学反应溶剂的优点之一，是可以通过压力变化，在“像气相”和“像液相”之间调节流体的性质，即通过压力变化，使其性质在接近于气体性质或接近于液体性质之间变化，这样为更好地实现化学反应提供了方便。超临界流体的密度与液体接近，溶剂强度也接近于液体，因而，可是很好的溶剂。使用超临界流体，可通过调节

压力来改变其密度，从而调节一些与密度相关的溶剂性质，如介电性、粘度等，这样就增大了控制化学反应的能力和改变化学反应选择性的可能性。超临界流体又具有某些气体的优点，如低粘度、高气体溶解度、高扩散系数等，这对快速化学反应，尤其是扩散控制化学反应或包含有气体反应物的反应是十分有利的。

用超临界二氧化碳作溶剂的另一个优点是，二氧化碳不可能再被氧化，因而是理想的氧化反应的溶剂。同时，还可以利用超临界二氧化碳中二氧化碳浓度高这一性质，使二氧化碳作为反应物的反应在超临界二氧化碳中进行，从而提高反应速率、甚至开发出新的反应。

(四) 超临界二氧化碳作化学反应溶剂的局限

将超临界二氧化碳用于合成化学的最大限制是其溶剂化性质，即物质在超临界二氧化碳中的溶解度。目前已经进行的研究表明，在超临界二氧化碳中，物质的溶解度与其密度密切相关，且可以通过加入共溶剂使其大大增加。超临界二氧化碳的溶解度与环已烷类似，同时还具有一定的接受氢键的能力和一定的极性选择性，因此，相对分子质量小于400的非极性有机物，如烷烃、烯烃、芳烃、酮、醇等均可溶于超临界二氧化碳中；而高极性的化合物，如糖、氨基酸等则不溶；聚硅烷和氟代聚合物可溶，而其他聚合物则不溶，利用相稳定剂或起泡剂有时可克服聚合物不溶这一局限。

由于盐类不溶于超临界二氧化碳中，因此，不能用超临界二氧化碳作离子间反应的溶剂，也不能用超临界二氧化碳作为离子作催化剂的反应的溶剂。要克服这一限制，可采用螯合剂、相转移剂或高亲油性离子来把离子物种引入超临界二氧化碳中，也可将金属离子转变为中性络合物，然后把其引入超临界二氧化碳中。

由于二氧化碳是亲电性的，它会与一些路易斯碱发生化学反应，因此，不能用作路易斯碱反应物的溶剂。

(五) 用超临界二氧化碳作溶剂的实例

近来的一些研究发现，超临界流体溶剂有优于普通溶剂的特性。例如，De Simone 等发现，可用超临界二氧化碳取代老溶剂氟利昂，作为氟代丙烯酸酯单体自由基聚合反应的溶剂；Noyori 等发现，在三乙胺或三乙胺/甲醇存在下，二氧化碳催化加氢合成甲酸或甲酸衍生物的反应在超临界二氧化碳中进行时，其反应速率明显大于在其他溶剂中进行时的速率；Morgenstern 等发现，一些不对称胺的加氢反应在超临界二氧化碳中进行时，其对应异构体的选择性会比在普通溶剂中高得多。

第七节　化学反应的过程监控和化工过程强化

一、化学反应的过程监控

目前，分析化学的发展已能为我们提供许多化学反应的原位监测。把对反应条件、反应体系中各组分的原位监测与反应条件控制、反应进料情况的控制等结合起来，就可有效地控制化学反应的进行，从而使反应变为无害反应。比如，某反应进行过程中会生成微量污染物 X，且反应温度和压力过高时，污染物 X 的生成量会急剧增大，我们就可利用原位过程监控技术，在反应过程中连续不断地分析检测 X 的生成量，当 X 的生成量超过预定值时，立即改变反应条件(温度和压力)以减少其生成。

二、化工过程强化

化工过程强化是近年来发展起来的一个新兴研究领域[8]。它包括发展新设备和新技术，这些新设备和新技术与现行设备和技术相比，在设备体积/产量比、能量消耗、废物排放和成本等方面具有明显的优势，即新设备和新技术的设备体积/产量比小、能量消耗少、废物排放少和成本大为降低。也就是说，使反应体积变得更小，过程变得更清洁，能量的利用更为有效的任何化学工程的进步都可认为是化工过程强化。化工过程强化可以通过设备改进来实现，也可以通过方法的改进来实现。

(一) 通过设备改进实现过程强化

设备的改进包括对进行化学反应的设备的改进和对其他操作过程设备的改进。典型的对化学反应设备的改进有：旋转盘反应器(Spinning Disk Reactor)，静态混合反应器(Static Mixer Reactor，简称 SMR)，静态混合催化剂体系(Static Mixing Catalyst，简称 KATAPAK)，整体式反应器(Monolithic Reactor)，微型反应器(Microreactor)，热交换(HEX)反应器(Heat Exchange Reactor)，超声波气体/液体反应器(Supersonic Gas/Liquid Reacto)，射流碰撞反应器(Jet – Impingement Reactor)，转动填充床反应器(Rotating Packed – Bed Reactor)等。典型的对操作过程设备的改进有：静态混合器(Static Mixer)，紧凑热交换器(Compact Heat Exchanger)，微孔道热交换器(Microchannel Heat Exchanger)，转子/定子混合器(Rotor/Stator Mixer)，转动填充床(Rotating Packed Bed)，离心吸附器(Centrifugal Adsorber)等。下面对几种典型的设备改进作一简介。

1. 静态混合反应器

搅拌技术在过去 25 年中得到了很大的改进，但有趣的是，搅拌技术的改进并非是通过改进搅拌机械而完成的，刚好相反，这一改进正是摒弃了搅拌机械，采用静态混合器而实现的。静态混合反应器是化工过程强化的一个很好的例子，与传统设备相比，它的体积更小、能量利用更充分。例如，Sulzer 型静态混合反应器，其混合单元由热传导管构成，可用于混合或反应需要提供大量的热能或产生大量热而需要移去的过程，比如硝化反应、中和反应等。静态混合器的一个重要缺陷是容易堵塞，因而不能用于需要使用浆状催化剂的情况。Sulzer 通过采用既有很好的混合性能又可用作催化剂载体的特殊填充物的办法克服了这一困难，这类敞开交叉流动结构催化剂(KATAPAK)已用于放热的气相氧化反应和催化蒸馏过程，这些过程传统上是采用固定床反应器实现的。KATAPAK 具有很好的混合性质和径向传热特性，但其比表面积较小。

2. 整体式催化剂

用于催化的整体式基质可以是金属材料，也可以是非金属材料，它们具有很多的细孔道和规整均一的横截面。为了保证其多孔性和提高催化活性比表面积，其孔道的内壁涂有一层薄的涂层，作为催化活性组分的载体。整体式结构的最重要的特征是：

(1) 与传统的填充床相比，其压力降很小，通常比传统方法低 1 ~ 2 个数量级；

(2) 单位反应器体积的几何面积高，通常比颗粒催化剂床反应器高 1.5 ~ 4 倍；

(3) 因为涂层很薄，故扩散途径很短，因而具有高的催化效率，实际可达100%；

(4) 可提高由于传质阻力的影响而选择性差的过程的选择性。

(5) 整体式催化剂也可以安装成流线型。

流线型还具有如下优点：

(1) 流线型整体式反应器是现成可用的组件，可作为管线的一部分安装，因此，其投资不大；

(2) 紧凑安排的流线型整体式反应器可安装在地下的沟槽中；

(3) 与传统的反应器相比，可满足更高的安全和环境要求；

(4) 更换方便快速；

(5) 可在反应器的不同部位安排多个进样点；

(6) 很容易获得活塞流。

由于整体式反应器的孔道相互隔离，缺乏径向分布，该体系唯一的传热途径是通过整体式反应器材料的热导性传热，故其缺点之一是热传递效果差。通过涂层或引进催化活性组分的方法改造热交换器，可克服上述缺点。

3. 微型反应器

微型反应器的体积极小，具有类似于三明治的层状结构，每层之间又有显微机械加工而成的通道，每一层都有多种功能，包括混合、催化反应、热传递、分离等。将多种功能集成于一个单元中是微型反应器的最重要的优点，其传热速率很快，可使高放热的反应在等温下进行，这有利于动力学研究。由于微型反应器的反应体积/表面积比很小，它有希望用于有毒物质或可爆炸物质作反应物的过程。

(二) 改进方法实现过程强化

方法上的改进是过程强化的另一个重要方面，主要有：逆流反应器(Reverse - Flow Reactor)、反应蒸馏(Reactive Distillation)、反应提取(Reactive Extraction)、反应结晶(Reactive Crystallization)、色谱反应器(Chromatographic Reactor)、周期分离反应器(Periodic Separating Reactor)、膜反应器(Membrane Reactor)、反应挤出(Reactive Extrusion)、反应粉碎(Reactive Comminution)、燃料电池(Fuel Cell)、膜吸附(Membrane Adsorption)、膜蒸馏(Membrane Distillation)、吸附蒸馏(Adsorptive Distillation)、使用离心场(Centrifugal Field)、使用超声波(Ultrasound Wave)、使用太阳能(Solar Energy)、使用微波(Microwave)、使用电场(Electric Field)、使用等离子体技术(Plasma Technology)等技术或多种技术的合成。下面简单介绍几类典型的方法。

1. 多功能反应器

多功能反应器是将传统的需要多个设备完成的功能集成在一个反应器中，以提高化学转化率和反应器的集成度。一个目前已成功用于二氧化硫氧化反应、碳氢化合物燃烧反应和汽车尾气处理的多功能反应器是逆流反应器，它集化学反应功能和传热功能于一身，反应体系中气体周期性地逆向流动，使得放热反应的热量得到近乎完美地利用，既保持了催化剂床层的温度，又将反应放出的热量用于预热冷的反应物气体。催化反应蒸馏器是目前已商业化的典型多功能反应器，其蒸馏柱由具有催化活性的材料填充，把反应功能和分离功能集成在一起。在蒸馏柱中，反应物在催化剂上转化为产物，产物则不断地被分馏离开反应体系，这样反应的热力学平衡被打破，因此可获得超过热力学平衡转化率的产物量；同时，由于把反应与分离集成在一起，能量的使用效率也大为提高。

2. 膜反应器

膜反应器也是把反应功能与分离功能集成在一起的一种多功能反应器。可用于原位分离反应产物，从而打破热力学平衡，得到高的反应物转化率和产物收率；还可用于加强传质，原位把产物与催化剂分离等。到目前为止，膜反应器尚未得到大规模的工业应用，主要是因为其价格太高，也还有一些技术上的原因，比如，膜的渗透能力、机械强度、热稳定性等。

3. 分离技术的集成

在这一领域的研究中，通常还将膜技术与其他分离技术集成在一起。膜吸收和反萃取技术就是其中一种，在该技术中，膜的作用是让气体通过而不让液体通过。膜蒸馏技术也是一种集成技术，该技术让液体蒸气透过膜，在膜的另一边凝聚下来。该技术有如下优点：

（1）离子、大分子、胶体、细胞和其他不挥发性物质完全不能透过；

（2）不需要高压差；

（3）由于有大孔结构，因而在膜上产生污垢的可能性较小；

（4）可在较低的温度下使用。

在集成分离技术时，还可将其他的分离技术集成在一起，比如吸附蒸馏技术，通过选用适当的吸附剂，可提高分离的效率。

4. 利用其他形式的能量

不少非传统技术利用非热能的能量以实现过程的强化。在这些技术中，声化学的发展很快，由于超声波能使液体反应介质产生微小的泡泡(空隙)，这些小泡泡的瘪塌会产生内爆，引起局部能量释放，产生高达5000K的高温和10GPa的高压，对其中的反应物分子产生多种影响，比如化学键的均裂、自由基的形成、聚合反应的发生等，故可以将它看成是高能的微型反应器，这就为化学合成提供了一种新的可能性。对于用固体作催化剂的体系，瘪塌还会对催化剂的活性表面产生影响，因此，这一技术也可用于催化剂表面的清洁和催化剂的再生。在化学反应中使用太阳能是近年来研究较多的领域，在新的高温反应器中置入能吸收太阳能的物质，将吸收的能量转化为热能进行化学反应。微波加热可使化学反应的速率成倍地提高，因此也是近年来研究的热点之一。

参考文献

1 吴越 著.催化化学.北京:科学出版社,1990

2 高正中 编.实用催化.北京:化学工业出版社,1996

3 Choudhary V R, Rajput A M, Prabhakar B. Nonequilinbrium Oxidative Conversion of Methane to CO and H_2 with High Selecvity and Productivity over Ni/Al_2O_3 at Low Temperatures. J Catal, 1993,139:324~328

4 Hickman D A and Schmtiidt L D . Production of Syngas by Direct Catalytic Oxidation of Methane. Science, 1993, 259:343~346

5 法尔夫 J 主编.一氧化碳化学.王杰等译.北京:化学工业出版社,1985

6 唐有祺.展望今后化学之发展.化学通报,1998,7:6~9

7 Trost Barry M. Abiological Catalysis for Synthesis Efficiency. Pure & Appl Chem, 1992, 64(3):315 ~ 322
8 Farrauto R J, Heck R.M. Environmental Catalysis into the 21st Century. Catalysis Today, 2000, 55:179 ~ 187
9 Haggin Joseph. Catalysis Gains Widening Role in Environmental Protection. C & EN, 1994, (Feb, 14):22 ~ 30
10 Anastas P T, Bartlett L B, Kirchhoff Marry M, Williamson Tracy C. The Role of Catalysis in the Design, Development and Implementation of Green Chemistry. Catalysis Today, 2000, 55:11 ~ 22
11 Anastas P T, Williamson Tracy C. Green Chemistry, Designing Chemistry for the Environment. American Chemical Society, 1996
12 黄仲涛,林维明,庞先燊,王乐夫编著.工业催化剂设计与开发.广州:华南理工大学出版社,1990
13 戚蕴石编著.固体催化剂设计.上海:华东理工大学出版社,1994
14 沈师孔,闵恩泽.烃类晶格氧选择氧化.化学进展,1998,10(2):137 ~ 145
15 Anastas P T, Warner John C. Green Chemistry, Theory and Parctice London: Oxford University Press, 1998
16 Anastas P T, Williamson Tracy C. Green Chemistry, Fronties in Benign Chemical Syntheses and Processes London: Oxford University Press, 1998
17 Earle Marthn J, Mc Cormac Paul B and Seddon Kenneth R. Diels – Alder Reactions in Ionic Liquids. A Safe Recyclable Alternative to Lithium Perchlorate – Diethyl Ether Mixtures. Green Chemistry, 1999, 1(1):23 ~ 25
18 Bandger B P, Uppalla L S and Kurule D S. Green Chemistry, 1999, 1(5):243 ~ 245
19 Varma Rajender S. Solvent – free Organic Synthsis Using Supported Reagents and Microwave Irradiation. Green Chemistry, 1(1):43 ~ 55
20 Chesney Antony. Selected Highlights in the Application of Ion – exchangers as Supports for Reagents in Organic Synthesis. Green Chemistry, 1999, 1(5):209 ~ 219
21 Andrzej I Stankiewicz, Jacob A Moulijn. Process Intensification: Transforming Chemical Engineering. Chemical Engineering Progress, 2000:22 ~ 34

第六章　绿色化学的应用

化学家很早就注意到，许多化学反应因选择性不高造成资源大量浪费，而且副产物的生成又造成对环境的污染，因此化学家们一直在探索提高反应选择性，以尽可能达到原子经济反应。绿色化学的提出自然就受到各国政府和科学家的重视。经过多年奋斗，特别是近几年来科技界和工业界的共同努力，在绿色化学研究和应用方面取得令人瞩目的成就。例如，新的绿色化学反应过程开发，传统化工生产过程的绿色化学改造，用可再生资源替代不可再生的石油和天然气作原料的绿色生化过程，无污染的绿色溶剂和试剂的开发等。这些科学技术成就使得产品的设计更符合环境友好的要求，生产过程可实现或接近零排放，有的已达到原子经济反应，避免了采用剧毒有害原料，因此是一种充分利用资源的、可持续发展的技术。

第一节　绿色化学反应

一、生物催化

生物材料在资源利用和发展绿色技术方面均十分重要。采用生物可再生资源代替当前广泛使用的石油，是一个长远的发展方向。生物催化选择性高、副反应少、反应条件温和、设备简单，因此是绿色生产技术。

生物技术的研究始于20世纪50～60年代，但直到90年代，基因重组工程和生物筛选技术的改进和新的稳定生产技术的开发成功，生物催化剂才开始应用于多种工业生产过程，见表6－1。

表6－1　生物催化技术的应用领域

工业部门	应用领域	成熟程度及应用情况	工业部门	应用领域	成熟程度及应用情况
石油炼制	生物脱硫	工业示范	医药	医用蛋白	工业应用
	生物制机动燃料	开发中		手性药物	工业应用
	生物制氢	开发中	农用化学品	Carbonhydrates Polymers	工业应用
大宗化学品	乙醇	已成熟		生物杀虫剂	工业应用
	1,3－丙二醇	接近成熟	日用化学品	乳酸	接近成熟
	甘油	工业示范		赖氨酸	工业应用
高分子聚合物	可生物降解聚合物	工业应用		柠檬酸	工业应用
	黄原胶聚合物	工业应用	环境保护	废物处理技术	开发中
	聚丙烯酰胺	工业应用		生物治理	开发中
特殊有机中间体	新中间体	工业应用			
	手性中间体	工业应用			
	Oleochemicals	工业应用			

从表6－1可知，生物技术的应用正在全面兴起。其中，在精细化学品和药物的合成，特别是手性化合物等高附加值化学品的合成中已得到成功的工业应用，并占据了一定的市场分额。据统计，1996年生物催化剂已占世界催化剂90亿美元市场的11%。目

前生物技术在石油炼制和大宗化学品生产中的应用也已有突破。美国 Biosystem 公司(EBC)已成功地开发了一种生物脱硫的新工艺(BDS)，第一套柴油生物脱硫工业示范装置正在 Petro Star 公司的 Alaska 炼油厂建设之中；Cargill Dow 聚合物公司正耗资 3 亿美元建设一套生产规模为 140kt/a 的从玉米生产聚乳酸的装置，用于生产纤维和塑料等。

我国对生物技术的研究总体来看起步较晚，但在某些领域也取得了重大进展。如生物催化丙烯腈制丙烯酰胺在建设几套千吨级规模装置的基础上，一套规模为 20kt/a 的生产装置正在投产；以厌氧活性污泥为原料的"有机废水发酵法制氢技术"研究目前已通过中试验证，实现了中试规模连续非固定菌长期操作生物制氢；以玉米淀粉制得的糖类化合物为原料，采用生物发酵法制造甘油，已建成示范工厂。

要使生物技术用于大宗化学品或石油产品生产取得工业化的成果，Biosystem 公司开发生物脱硫技术的经历和成功经验值得我们借鉴。该公司研究人员从 1991 年起，选择菌种，然后利用基因工程处理的高活性、高选择性酶，开发成功高脱硫率的生物反应器，最后又开发成功利用副产的有机磺化物生产表面活性剂的技术，达到综合利用降低生产成本，最终形成具有工业应用价值的柴油生物脱硫技术。上述这些进展来源于两个关键因素：一是采用了多学科，包括生物催化、生物反应器工程、生物控制、环保生物技术、植物、动物、微生物等技术的集成，从而实现了该工艺的突破；二是该公司有能力利用 DNA 重组技术并且通过微生物培养来开发和生产酶，这是成功的基础。这些经验表明，通过多学科合作，同时利用 DNA 重组技术来开发生物催化技术是很有发展前景的。

二、甲醇羰基化法合成乙酸

乙酸生产有乙醛氧化法、丁烷和轻质油氧化法以及甲醇羰基化法。乙醛氧化法制备乙酸的反应式如下：

$$2CH_3CHO + O_2 \longrightarrow 2CH_3COOH$$

这条生产乙酸的技术路线开发最早，至 19 世纪 60 年代，Hoechst - Wacker 法直接氧化乙烯制乙醛技术开发成功后更有了飞速的发展。当时乙烯法制乙醛的路线以其生产规模大，成本低而在与其他路线竞争中占有很大优势，使乙烯制乙醛生产能力在 70 年代初达到了 1.61Mt/a 的规模，所生产的乙醛大部分用于制造乙酸。但其后石油和乙烯价格大幅度上升，使原料成本增加。同时，乙醛制乙酸的单程转化率约 90%，收率以乙醛计为 94% ~ 95%，反应中有少量副产物双乙酸亚乙酯、丁烯酸、丁二酸等生成，分离麻烦，加之设备投资比低压甲醇羰基化方法高，因此导致此路线后来逐渐失去竞争能力。

丁烷液相氧化制乙酸，曾是 50 ~ 60 年代生产乙酸的主要路线，其反应式如下：

$$C_4H_{10} + \frac{5}{2}O_2 \longrightarrow 2CH_3COOH + H_2O$$

真正的反应过程是相当复杂的，生成的氧化产物多，主要副产物有甲醇、甲酸、乙醇、丙酸等，它们占有相当大的比例，分离过程比较麻烦。因此无论从原料的有效利用和环境影响来看，丁烷液相氧化法不再具有任何优势，因此已逐渐被淘汰。只有 20 世纪 60 年代后期美国 Monsanto 公司开发成功的低压甲醇羰基化法独树一帜，占乙酸新增生产能力的 90% 以上[1]。

甲醇羰基化法合成乙酸是一个典型的原子经济反应，它的原子经济性达到100%。

$$CH_3OH + CO \xrightarrow{Rh,\ CH_3I} CH_3COOH$$

甲醇羰基化法合成乙酸经历了由高压钴催化法发展到低压铑催化法的科学技术突破。20世纪中期，Reppe等开创了应用第八族过渡金属羰基化合物作催化剂的先例。在此基础上BASF公司开发出采用羰基钴－碘催化剂的高压羰基化工艺，反应温度250℃，反应压力53MPa，产物按甲醇计收率为90%。此方法的缺点是反应条件苛刻、能耗高、催化反应速率低、原料利用不充分、生成的副产物较多，因此推广应用有限，仅有几套装置运行，最大规模为64kt/a。1968年，美国Monsanto公司的Paulick和Roth发现了新的可溶性羰基铑－碘化物催化剂体系，它们对甲醇羰基化合成乙酸有更高的催化活性和选择性[催化速率1.1×10^3molAcOH/(molRh·h)，羰基化选择性大于99%]，而且反应条件变得十分缓和，反应温度降至175～200℃，反应压力降至6MPa以下，产物以甲醇计收率为99%。根据这一研究成果，Monsanto公司成功地开发了甲醇低压羰基化合成乙酸技术，从工业生产上实现了原子经济反应，成为近代羰基合成技术发展道路上的里程碑。

甲醇羰基化法合成乙酸的成功，不仅做到了原料充分利用，消除了氧化法合成乙酸的环境污染问题，而且开辟了可以不依赖石油和天然气为原料的合成路线。它的原料可从自然界丰富的碳和水资源制取的一氧化碳和氢气来解决。因为甲醇是由一氧化碳和氢气合成的，因此也可看成是利用自然界可再生资源的典型绿色化学原料路线。

中国科学院化学研究所蒋大智等[1]对甲醇羰基化合成乙酸的催化剂和催化反应体系进行改进,采用高分子负载型铑催化剂,使催化反应速率明显提高,达到了$(1.2\sim6.6)\times10^3$molAcOH/(molRh·h)，时空产率高达15mol/L,羰基化产物选择性保持在99%以上,形成了具有自己特色的催化反应体系。

三、亚氨二乙酸二钠合成的新路线

亚氨二乙酸二钠(Disodium Iminodiacetate,简称DSIDA)是Monsanto公司产品Roundup(r)除草剂的关键中间体[2]。Monsanto和其他公司都曾采用传统的方法合成此产品，即采用Strecker工艺制造DSIDA：

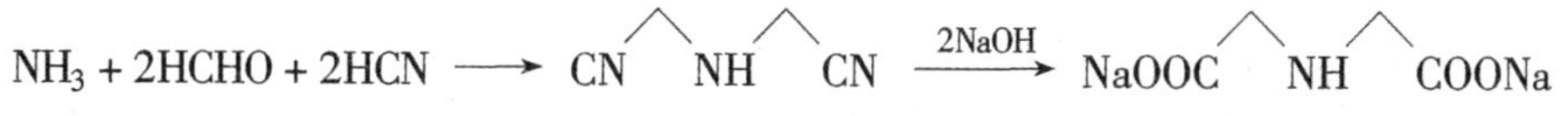

亚氨二乙酸二钠

这一生产工艺过程需要氨、甲醛、氢氰酸和盐酸等原料。由于氢氰酸的剧毒性，需要特殊的防护，以尽可能消除对工人、社区和环境的危害。此反应是放热反应，反应过程中可能生成潜在的不稳定中间体，而且每生产7kg产物将产生1kg废物(其中含有氰化物和甲醛等有毒物质)，因此必须对它们进行严格的安全处置。

Monsanto公司开发成功了一条新的DSIDA合成路线，采用二乙醇胺(DEA)作原料，经铜催化剂催化脱氢制得DSIDA：

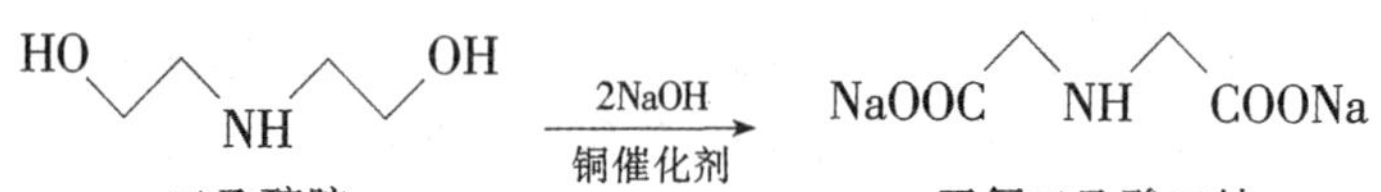

二乙醇胺　　　　亚氨二乙酸二钠

这个新过程是很安全的，因为脱氢是吸热反应，没有反应失控的危险。这种新工艺不用氢氰酸和甲醛作原料，操作也比较安全，总收率又较高，生产过程步骤少。反应完成后将催化剂过滤就得到足够高纯度的产品，不需要进行纯化或分离副产物，即可用于Roundup的制造。这种催化技术还可用来生产其他氨基酸产品，例如氨基乙酸。此方法也是将伯醇转化为羧酸盐的一般方法，可开发推广用于许多其他的农用化学品、医用化学品、日用品和特殊产品的制备。

四、无卤素的芳胺合成

传统的4－氨基二苯胺合成涉及苯的氯化，接着亲核取代：

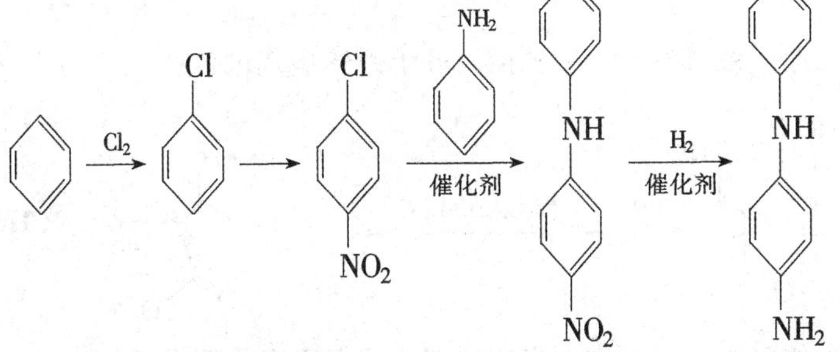

由于苯的氯化过程生成的副产物多，分离麻烦，氯代芳烃对人和环境有累计性危害，同时反应过程中生成的氯化氢腐蚀性严重，加上反应步骤多，总收率较低，因此生产成本高。Monsanto公司Stern等利用苯胺和硝基苯代替氯代芳烃为原料，直接用苯胺对芳烃进行亲核取代，发展了所谓芳烃氢的亲核取代（Nucleophilic Aromatic Substitution for Hydrogen，简称NASH）方法，从而开发出4－氨基二苯胺的新合成方法[3]。此反应过程是将硝基苯和苯胺在四甲基氢氧化铵存在下加热，生成缩合产物的铵盐。反应中生成的混合产物再进行催化加氢即得到4－氨基二苯胺，同时再产生四甲基氢氧化铵。

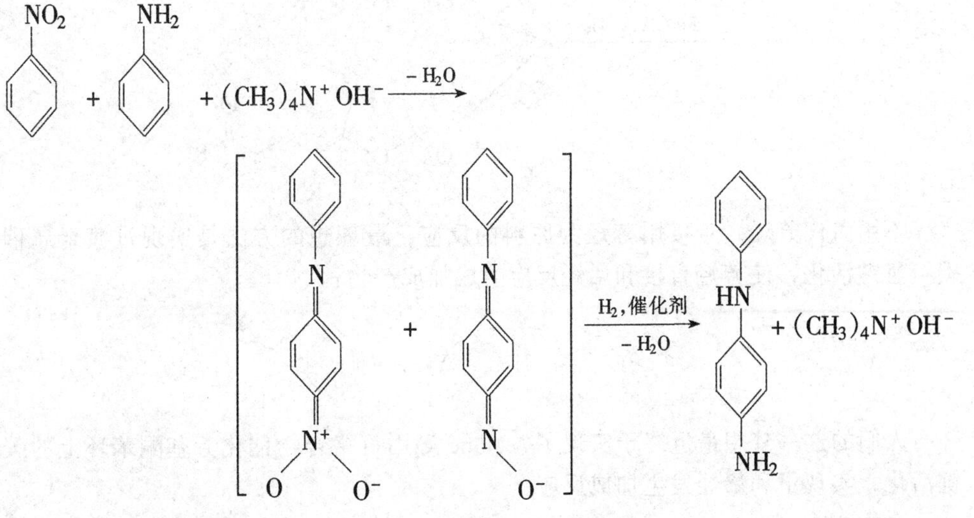

新生产过程与旧生产过程比较，反应原料虽然仍然包括硝基苯和苯胺，但不用苯氯化制造氯苯，反应步骤减少，所用的四甲基氢氧化铵又能循环使用，因此生产成本显著降低。由于反应过程中的副产物是生成的水，对环境是友好的。

五、碳－碳偶联反应

陆熙炎小组发现二价钯催化剂可催化炔烃偶联反应[4]。当炔烃和 α－，β－不饱和烯烃在二价钯催化剂、卤素离子和乙酸存在下，能生成类似于 Michael 加成产物：

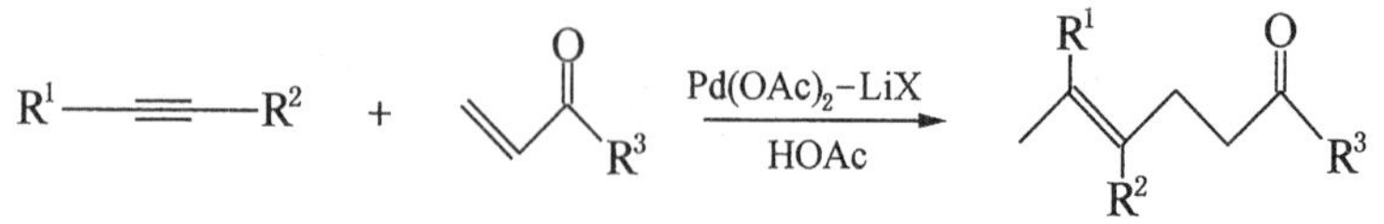

这一反应是原子经济性的。它还能以分子内的形式进行：

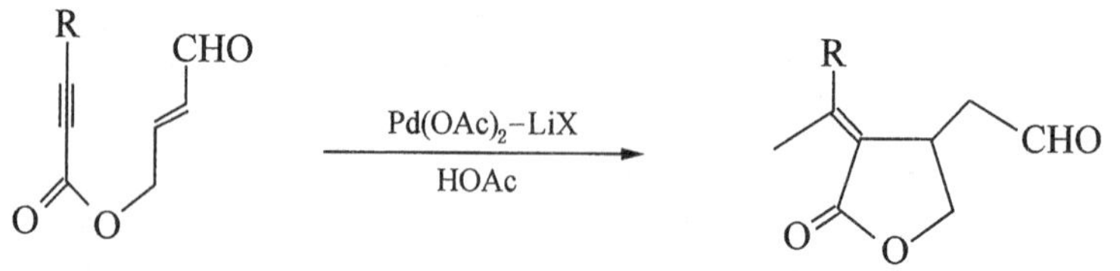

而且分子内的氧原子也能作为亲核试剂代替卤素完成下列反应：

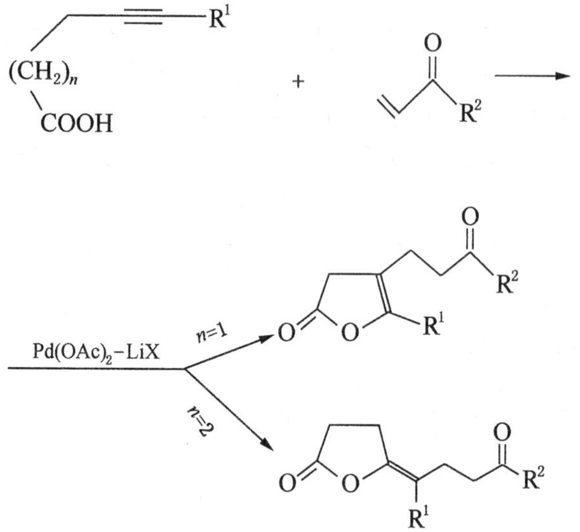

不用卤代芳烃，直接用芳烃为原料的反应，最理想的方法是实现过渡金属催化的碳－氢键活化，使芳烃直接和烯烃反应生成加成产物：

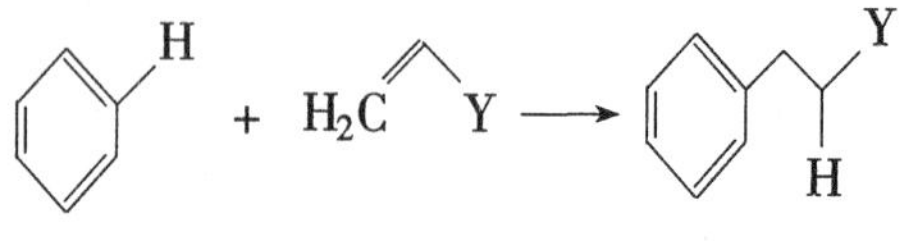

人们的这一梦想最近终于实现了，Murai 等用钌络合物催化芳基酮苯环上的碳－氢键活化，实现了和烯烃发生加成反应：

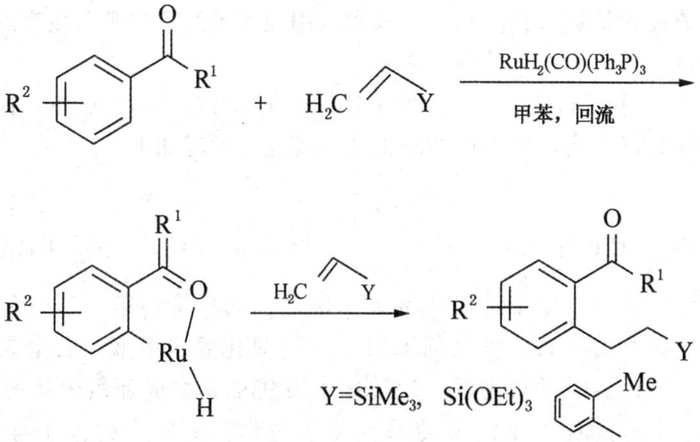

目前的问题是在芳烃环上还必须有一个引导基团，相信有一天，人们会自由地实现碳－氢键的活化。这些原子经济性的有机合成反应，已发展成为当前绿色化学中最活跃的研究领域。

六、选择氧化

烃类选择氧化是石油化工中最重要和研究最多的反应之一。据统计，用催化方法生产的各类有机化学品中，选择催化氧化生产的产品占有相当大的比例；但是，与其他类型的催化反应相比，烃类催化氧化的选择性低，例如丁烷氧化合成乙酸的选择性仅70%左右。近几年，烃类选择性氧化已成为开发环境友好工艺的主攻方向，这里的关键是提高选择性来达到少产甚至不产副产品与废物，同时也充分利用了原料，因而有利于降低生产成本。

利用钛硅分子筛催化过氧化氢氧化烃类是提高氧化选择性的新方向。意大利埃尼集团首先发现钛硅分子筛能作为氧化催化剂，第一次把分子筛的应用从过去的酸催化扩展到氧化催化，并且已成功地用于丙烯环氧化合成环氧丙烷和环己酮氨氧化制环己酮肟。

（一）丙烯环氧化制备环氧丙烷

环氧丙烷是一种重要的有机化工原料，在丙烯衍生物中是产量仅次于聚丙烯和丙烯腈的第三大品种。它主要应用于制取聚氨酯所需要的多元醇和丙二醇，用以生产塑料等，此外还可用作溶剂和制取其他精细化学品。国内外现有的生产技术是氯醇法，它是Dow化学、BASF和Bayer公司开发的工艺过程：

$$2CH_3—CH=CH_2 + 2HOCl \longrightarrow \underset{\quad\ \ |\qquad |}{CH_3—CH—CH_2}\atop{\quad\ OH\quad Cl} + \underset{\quad\ \ |\qquad |}{CH_3—CH—CH_2}\atop{\quad\ Cl\quad OH}$$

$$\underset{\ \ Cl\quad OH}{CH_3—CH(Cl)—CH_2(OH)} + \underset{\ \ OH\quad Cl}{CH_3—CH(OH)—CH_2(Cl)} + Ca(OH)_2 \longrightarrow$$

$$2CH_3—\overset{O}{CH—CH_2} + CaCl_2 + 2H_2O$$

此法需要消耗大量氯气和石灰，生成大量用处不大的氯化钙，生产过程中设备腐蚀和环境污染严重，其原子经济性仅为 31%。

近年来，Ugine 和 Enichem 公司开发了钛硅分子筛 TS－1（简称 TS－1）作催化剂的过氧化氢氧化丙烯直接生成环氧丙烷的新工艺，其反应过程如下：

新工艺使用的 TS－1 分子筛催化剂无腐蚀性，无环境污染，反应条件温和，温度 40～50℃，压力低于 0.1MPa，氧化剂采用 30%过氧化氢水溶液，安全易得，反应几乎按化学计量关系进行。以过氧化氢计的转化率为 93%，生成环氧丙烷的选择性在 97%以上，因此是一个低能耗、无污染的绿色化学过程。此反应的原子经济性虽然只有 76.3%，但生成的副产物仅是水，对环境是友好的，因此具有很好的工业应用前景。此法不足之处是过氧化氢成本较高，在经济上暂时还缺乏竞争力。我国石油化工科学研究院和大连理工大学在钛硅分子筛的制备和应用于丙烯环氧化合成环氧丙烷的研究方面取得了很好的结果，现正在进行工业性试验。

（二）环己酮氨氧化制环己酮肟

己内酰胺是一种重要的化纤单体，它的中间体环己酮肟的工业生产一般采用的方法是，先制备羟胺无机酸盐，然后再与环己酮反应制成环己酮肟。其合成过程如下：

（1）羟胺的合成。采用传统的拉西法是将氨经空气催化氧化生成的 N_2O_3 用碳酸铵溶液吸收，生成亚硝酸铵，然后用二氧化硫还原，生成羟胺二磺酸盐，再水解得羟胺硫酸盐：

$$N_2O_3 + (NH_4)_2CO_3 \longrightarrow 2NH_4NO_2 + CO_2$$

$$2NH_4NO_2 + 4SO_2 + 2NH_3 + 2H_2O \longrightarrow 2HON(SO_3NH_4)_2$$

$$2HON(SO_3NH_4)_2 + 4H_2O \longrightarrow (NH_2OH)\cdot H_2SO_4 + 2(NH_4)_2SO_4 + H_2SO_4$$

（2）环己酮肟的合成。将羟胺硫酸盐与环己酮反应，同时加入氨水中和游离出来的硫酸，生成环己酮肟和硫酸铵：

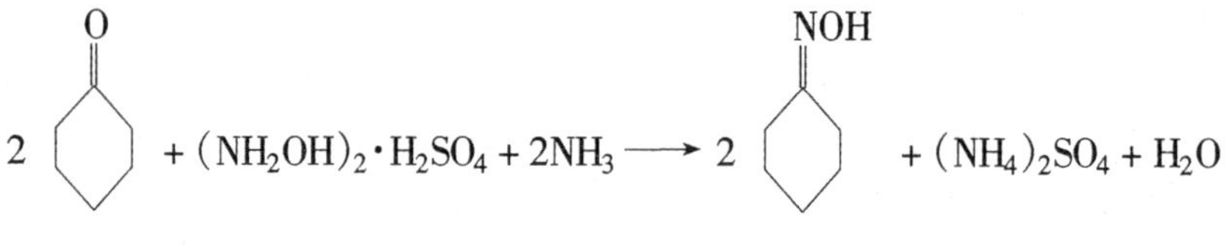

制备羟胺无机盐还有多种方法，但所有这些方法的选择性都较差，而且生成大量副产物。以上述的拉西法为例，每生产 1t 己内酰胺就要产生 2.8t 硫酸铵。这样大量的硫酸铵生成是工厂难以处理的问题，同时生产过程长、能耗也高。意大利埃尼集团采用 30%过氧化氢水溶液，在叔丁醇等溶液中，以钛硅分子筛 TS－1 为催化剂，进行环己酮氨氧化反应，反应式如下：

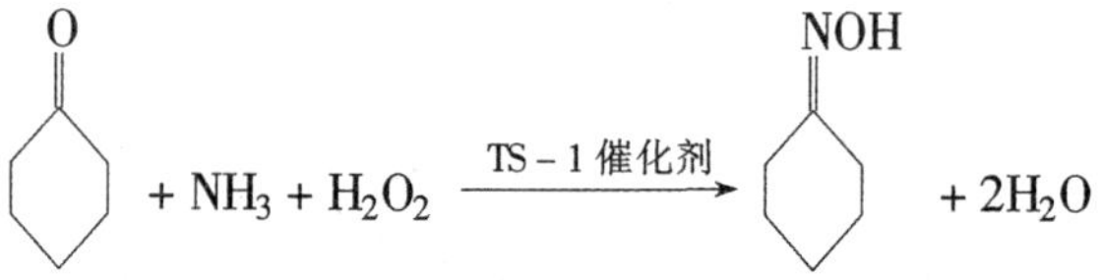

环己酮转化率99.9%，环己酮肟选择性98.2%，过氧化氢利用率为93.2%，新的生产过程不生成硫酸铵。这些数据表明，这是一种高效、经济、对环境无害的己内酰胺绿色生产技术。一套采用本方法的12kt/a己内酰胺示范装置已在意大利 Perto Mirghera 建成，并正式运转。石油化工科学研究院以钛硅分子筛作催化剂，以过氧化氢做氧化剂合成环己酮肟的研究已经取得了很好的结果。

第二节 绿色原料

一、从葡萄糖合成己二酸和邻苯二酚

世界范围内，己二酸年产量已超过1.9Mt。己二酸主要用于生产尼龙-66、聚氨酯润滑剂以及增塑剂的中间体。尼龙-66是通过己二酸与己二胺聚合而成：

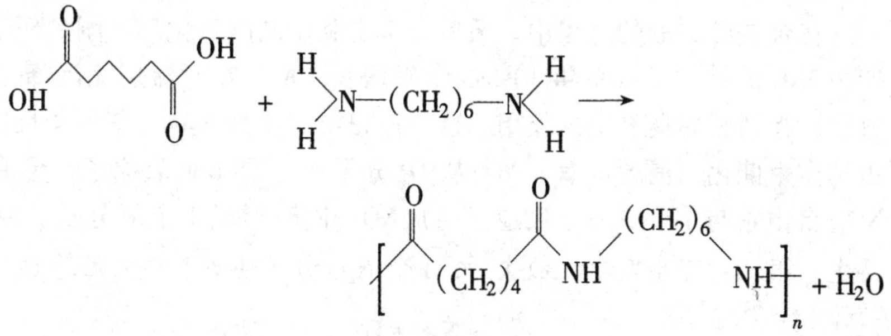

尼龙-6，6

现在化学工业上，己二酸是以苯为原料制造的。苯在镍或钯催化剂作用下氢化形成环己烷，环己烷以空气作为氧化剂，被催化氧化生成环己酮和环己醇，然后在硝酸作用下进一步氧化成己二酸。

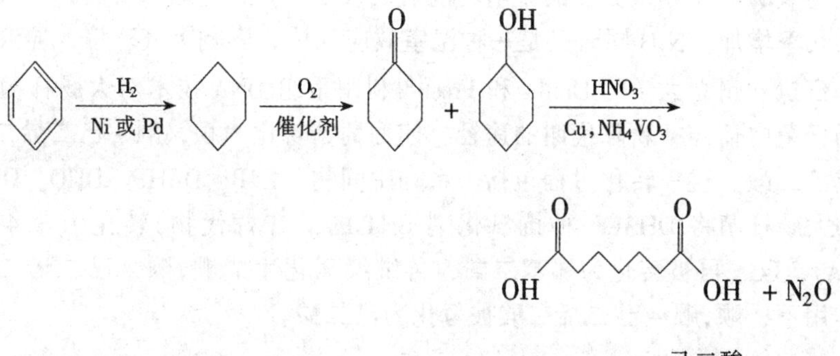

己二酸

同己二酸一样，生产邻苯二酚也采用苯作为起始原料。反应的第一步，苯在酸性条件下与丙烯经历 Friedel-Crafts 反应生成异丙基苯，异丙基苯再氧化生成苯酚(丙酮作为副产物生成)。在过氧化氢/催化剂作用下，苯酚进一步氧化成邻苯二酚和对苯二酚的混合物。邻苯二酚经蒸馏回收。

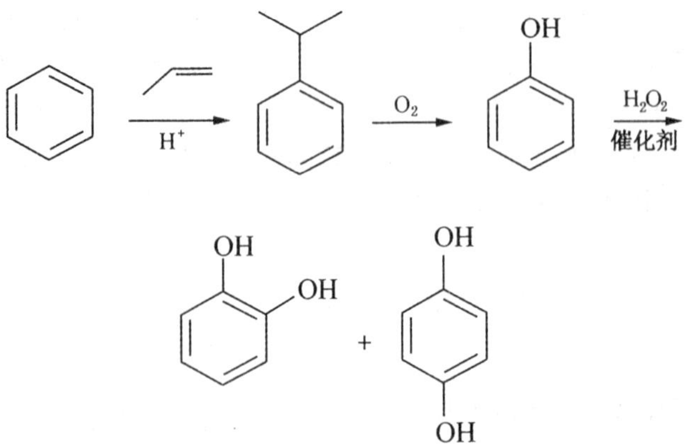

利用苯作为起始原料合成己二酸和邻苯二酚、对苯二酚都会引发环境和健康问题。苯是一种易挥发的有机物(VOC)，在室温下容易气化，长期少量吸入大气中的苯可导致白血病和癌症。此外，苯是由石油生产的产品，消耗的是不可再生的资源[5]。

在合成己二酸的过程中，最后一步是利用硝酸氧化环己酮和环己醇，这一反应的副产物 N_2O 的排放量以每年 10% 的水平增长。N_2O 在对流层无沉降，因此可上升进入平流层，起到破坏臭氧层的作用。这一过程第一步为 N_2O 与氧原子反应生成 NO·，NO·自由基作为催化剂消耗臭氧。NO·从 O_3 分子中夺取 1 个氧原子，形成 O_2 和 NO_2·，然后 NO_2·自由基与 1 个氧原子反应又生成NO·,同时形成 1 个氧分子。因为 NO·在第三步可再生，第二、三步发生无数次后，1 个 N_2O 分子便可消耗大量的 O_3。

$$N_2O + O\cdot \longrightarrow 2NO\cdot \tag{6-1}$$

$$NO\cdot + O_3 \longrightarrow NO_2\cdot + O_2 \tag{6-2}$$

$$NO_2\cdot + O\cdot \longrightarrow NO\cdot + O_2 \tag{6-3}$$

总反应[反应(6-2)和(6-3)]：

$$O_3 + O\cdot \longrightarrow 2O_2 \tag{6-4}$$

臭氧的消耗导致更多的太阳高能射线(UV-B)到达地球表面，使人患皮肤癌和白内障的几率增加。N_2O 同时又是一种温室效应气体，影响大气环境，导致气候异常。

密执安州立大学的 Draths 和 Frost[6] 利用重组 DNA 技术对大肠杆菌进行修饰，改变大肠杆菌中葡萄糖新陈代谢的途径，使葡萄糖转化为顺，顺-己二烯二酸，然后经氧化形成己二酸。这一转化过程包括一系列中间物：E4P、DAHP、DHQ、DHS 等。基因修饰后的大肠杆菌将 DHS(一种抗氧化剂 BHT 的潜在替代物)转化为 3,4-二羟基苯甲酸(PCA)，PCA 再被转化为邻苯二酚，再继续氧化生成顺,顺-己二烯二酸，最后在催化剂作用下，顺,顺-己二烯二酸被氢化为己二酸。

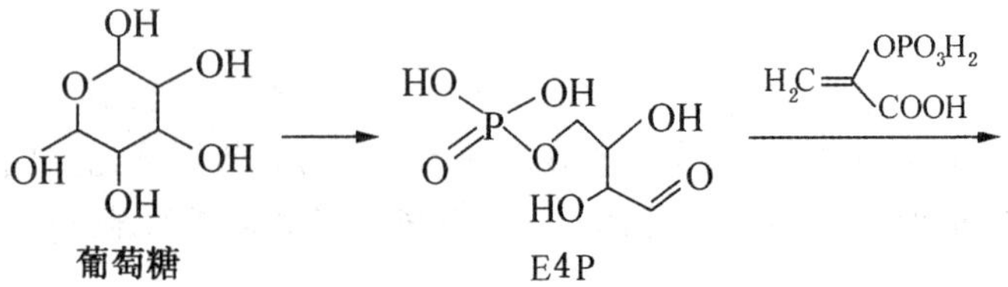

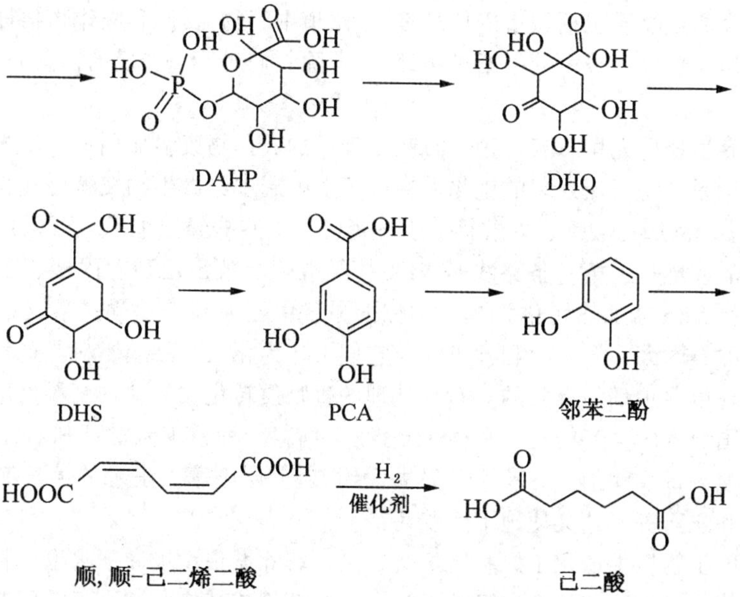

Draths 和 Frost 已经研制出另一种基因修饰的大肠杆菌，可抑制 DHS 和邻苯二酚的进一步反应，故可将这些化合物作为产品分离出来。因此，从葡萄糖出发通过生物合成 DHS 和邻苯二酚的合成路线与传统合成方法相比，不仅可利用再生资源，而且可以避免有毒的苯及其加工过程中生成的 N_2O 等造成的对环境影响和对人体健康的危害。

二、生物质转化为化学品

Texas A & M 大学的研制人员开发了一种可将生物质转化为动物饲料、化工产品和燃料的技术[7]，这一反应过程表示如下：

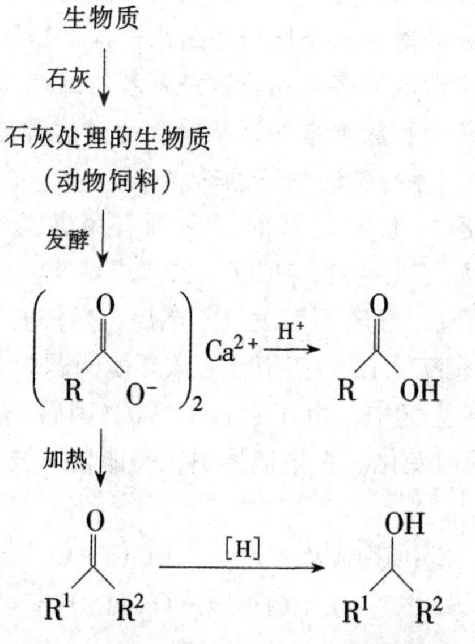

$R = CH_3$，C_2H_5，C_3H_7；R^1，$R^2 = CH_3$，C_2H_5

这些废弃的生物质包括城市固体垃圾,下水道中污物、粪便和农作物秸秆等。这些看似废物的资源随着处理技术的不断进步,除可消除它们对环境造成的污染外,还将带来良好的经济效益。

这些废弃生物质先用石灰处理。石灰处理后的农作物废料如稻草、玉米秸秆等可用做反刍动物饲料。将石灰处理的生物质在厌氧发酵罐中经微生物发酵可转化为挥发性脂肪酸(VFA)盐，例如乙酸钙、丙酸钙、丁酸钙等。这些盐经浓缩后，可采用三条路线转化为化工产品或燃料：第一条路线是 VFA 盐经酸化释放出乙酸、丙酸、丁酸；第二条路线是通过将 VFA 盐加热转化为酮，例如丙酮、甲乙酮和二乙酮；第三条路线是将酮加氢为相应的异丙醇、异丁醇和异戊醇，它们可作为化工产品或燃料。这种工艺技术对人类健康和环境保护都是有益的，石灰处理的生物质转化成的动物饲料可用来取代玉米饲料，就美国而言所生产的玉米的 88% 消耗于饲料。种植玉米需要耕种土地，这将加剧土地的侵蚀，每收获 1kg 玉米就要失去大约 2L 上层土壤。玉米的生长又需要施用肥料、除草剂和农药等，这又使地下水受污染。

从废弃的生物质生产化工原料既经济，又可解除城市垃圾和下水道污物等对环境造成的负面影响。过去这些垃圾典型的处理方法是填埋或焚烧，这不仅需要花去一笔处理费，同时还导致土地和空气污染。通过从生物质制取化学品将不可再生的资源石油和天然气留给子孙后代是长久造福于人类的事业。从生物质制成的含氧化合物作燃料燃烧更干净，不会使环境中二氧化碳含量增加，因此有利于减轻全球温室效应。

三、二氧化碳作发泡剂

聚苯乙烯有广泛的用途,每年全世界的消耗量超过 1Mt,其中约 11%用于制造聚苯乙烯泡沫塑料。聚苯乙烯泡沫塑料是通过两步挤压过程工艺制造的,首先是将聚苯乙烯加入到第一台挤压机中使其熔化,然后加入发泡剂和熔化的聚苯乙烯混合,接着将混合物引入到第二台挤压机中,形成的薄片从挤压机中出来进入低压区,聚苯乙烯中的发泡剂就会膨胀,在熔化的聚苯乙烯中形成许多小孔。这种聚苯乙烯泡沫塑料可以用于制造泡沫杯、快餐盒、盛肉以及家禽的盘子和放鸡蛋的纸架等。通过这种方式生产的聚苯乙烯泡沫塑料里面大约含有 95%的气体和 5%的聚苯乙烯。

过去用于生产聚苯乙烯泡沫塑料的发泡剂有氟氯烃类(CFCs)，氢化氟氯烃类(HCFCs)和脂肪烃类，例如 CFC－12、HCFC－22、戊烷等。CFC－12(CF_2Cl_2)之所以用作发泡剂，是因为它价格便宜，性质不活泼且不燃烧，操作安全，并且它在较大的温度范围内可保持气态。但是，CFC－12 的使用会导致环境问题。

当 CFC－12 被释放到空气中，由于它很不活泼(因碳－卤键很强)，便会从对流层上升到平流层而不发生任何变化。在平流层中，高能紫外线(UV－C)使 CFC－12 分子发生光分解反应：

$$CF_2Cl_2 + UV-C \longrightarrow CF_2Cl + Cl\cdot \qquad (6-5)$$

$$O_3 + Cl\cdot \longrightarrow O_2 + ClO\cdot \qquad (6-6)$$

$$ClO\cdot + O \longrightarrow Cl\cdot + O_2 \qquad (6-7)$$

总反应：

$$O_3 + O \longrightarrow 2O_2$$

生成氯自由基(Cl·),氯自由基可以从臭氧分子获取1个氧原子,形成ClO·[反应式(6-6)],ClO·然后与另1个氧原子反应生成1个氧分子和一个氯自由基[反应式(6-7),反应、(6-6)、(6-7)两步不断重复,结果就导致臭氧的大量消耗,造成臭氧层被破坏。这样就有更多由太阳发射的紫外线照射到地球表面,导致皮肤癌和白内障的发病率升高。

1995年底,美国政府已禁止生产CFC-12。后来,人们用HCFC-22(HCF_2Cl)来代替CFC-12作发泡剂。HCFCs在对流层就基本被破坏了,只有很少量上升到平流层中,因此,HCFCs对臭氧层消耗的影响就大大降低(只相当于CFC-12的1/20)。但是,由于仍有少量HCFCs会进入到平流层中,还是会造成臭氧消耗,故用HCFCs来代替CFCs也不是长久之计。

除了使用CFCs和HCFCs之外,脂肪烃(主要是戊烷)也被用作生产聚苯乙烯的发泡剂。尽管脂肪烃不会造成臭氧层消耗,但是,若未经处理而将其排放到空气中,会在地表面形成烟雾(一种由臭氧、硝酸和有机氧化物组成的混合物)。烟雾会使哮喘及其他与呼吸有关的疾病发病率增加。有研究表明,即使是从不吸烟的男子,若长期暴露于此烟雾中,其患癌症的几率也会增加3倍。烟雾增多还会使对流层中臭氧(烟雾的一种成分)含量增加,从而导致庄稼和建筑物被损坏,橡胶硬化,织物褪色,每年因此造成的损失达数十亿美元。除此之外,脂肪烃还容易燃烧,威胁到操作工人的安全。

Dow化学公司已开发出一种以100%二氧化碳作发泡剂,生产挤压型聚苯乙烯泡沫塑料的工艺[8]。在Dow化学公司以前已有人将二氧化碳用作发泡剂,但只是将二氧化碳混合于HCFCs、CFCs或脂肪烃中,在这些混合物里,二氧化碳的含量只有25%。尽管这种方法可以使臭氧消耗及形成烟雾的问题有所改善,但并不能从根本上解决问题。Dow化学公司以100%二氧化碳作发泡剂来生产泡沫型聚苯乙烯,就从根本上消除了使用HCFCs、CFCs和脂肪烃带来的影响。

以二氧化碳代替HCFCs、CFCs和脂肪烃作发泡剂,有如下优点:

(1) 二氧化碳不会消耗臭氧;

(2) 二氧化碳不会形成烟雾;

(3) 二氧化碳不能燃烧,操作更安全;

(4) 二氧化碳更廉价。

但是,二氧化碳会造成"温室效应",它可以使太阳光线透过照射到地球表面,同时又可将地球表面发射出的红外线反射回来,因此,二氧化碳在大气中实际上就像一间温室里的窗户,可使外面的光线进入室内,并能减少室内热量的散失。由此可见,若大气中二氧化碳含量增加,就会使地球表层气温上升,从而使全球变暖。

Dow化学公司利用合成氨工业及天然气矿井中的副产物二氧化碳来作发泡剂,因此,并不需要额外生产二氧化碳,没有造成环境中二氧化碳总量增加。还值得注意的是,二氧化碳对造成全球气温升高的影响比HCFCs、CFCs要小得多(HCFC-22是二氧化碳的1700倍,而CFC-12则是二氧化碳的5800倍)。因此,与HCFCs和CFCs相比较,二氧化碳对环境是更友好的。

Dow化学公司还发现,以二氧化碳作发泡剂除了环境效益之外,生产的泡沫型聚苯乙烯韧性更强，这意味着以二氧化碳作发泡剂比以 HCFCs、CFCs 作发泡剂生产的发泡包装材料使用寿命更长。因此，Dow 化学公司开发的这一发泡工艺，在环境保护与经济效益两方面都是有利可图的。

四、非光气法合成异氰酸酯

氨基甲酸酯是一类重要的化工原料，传统生产方法是采用光气和胺反应合成的。

由于光气剧毒，对设备腐蚀严重，又易造成环境污染，一旦处理不当发生事故，将带来灾难性后果。例如 1984 年印度博帕尔市郊一家美国联合碳化合物公司的农药厂光气贮罐泄露，造成 4000 多人死亡，32 万人中毒这一惨痛事件，因此采用非光气法合成氨基甲酸酯和异氰酸酯是引人关注的课题。Monsanto 公司的 Rilly 等研究了用二氧化碳和胺直接生成异氰酸酯和氨基甲酸酯并成功地开发出合成聚氨基甲酸酯的新方法。在有机碱存在下生成氨基甲酸酯负离子，再在脱水剂例如乙酸酐或邻磺酸基苯甲酸存在下脱水生成异氰酸酯：

$$RNH_2 + CO_2 + \text{碱} \longrightarrow RNHCOO^- \cdot H^+ \text{碱}$$

$$RNHCOO^- \cdot H^+ \text{碱} + CH_3—\overset{\overset{\displaystyle O}{\|}}{C}—O—\overset{\overset{\displaystyle O}{\|}}{C}—CH_3 \longrightarrow RNCO + \text{碱} + 2CH_3COOH$$

$$2CH_3COOH \xrightarrow{\text{加热}} CH_3—\overset{\overset{\displaystyle O}{\|}}{C}—O—\overset{\overset{\displaystyle O}{\|}}{C}—CH_3 + H_2O$$

生成的乙酸加热脱水后又可回收乙酐循环使用。

日本旭化成工业公司和美国杜邦公司开发了用一氧化碳和胺直接氧化羰化合成氨基甲酸酯，然后分解生成异氰酸酯的方法。其关键是研制成功了活性高、选择性好的氧化羰化催化剂，使反应过程生成的副产物减少，第二步热分解反应副产物也很少，异氰酸酯收率高，聚合反应很少发生。其反应式为：

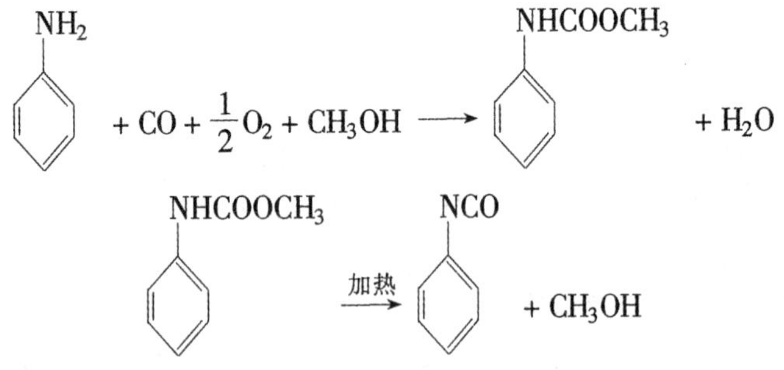

生成的甲醇可循环使用，此方法已用于工业生产。由于生产中完全避免使用光气，而且无副产物盐类生成，因此是很安全的生产方法[9]。

五、碳酸二甲酯作甲基化试剂

常规甲基化反应采用氯代甲烷或硫酸二甲酯作甲基化试剂。硫酸二甲酯具有剧毒和致癌性，它们对环境的不良影响是人们所不希望的。活泼的亚甲基化合物的甲基化反应常常又引起难于控制的多种烷基化反应发生。

Tundo 开发了采用碳酸二甲酯代替硫酸二甲酯作甲基化试剂的工艺，例如苯胺甲基化反应：

$$PhNH_2 + (CH_3O)_2CO \xrightarrow{\text{相转移催化剂}} PhNHCH_3 + CH_3OH + CO_2$$

碳酸二甲酯以前也用光气合成,现在可用一氧化碳合成,即通过氧化羰化反应生成：

$$2CH_3OH + CO + \frac{1}{2}O_2 \xrightarrow{PdCl_2 - CuCl_2} (CH_3O)_2CO + H_2O$$

采用碳酸二甲酯代替硫酸二甲酯作甲基化试剂可选择性地使活泼的含亚甲基的化合物进行甲基化反应[10]。

芳基乙腈用碳酸二甲酯作甲基化试剂，在 180～220℃有碳酸钾存在下进行甲基化反应，以 99%以上的高选择性生成 2-芳基丙腈。此反应可以在连续流动反应器或间歇式反应器中进行，反应过程中没有无机盐生成。生成的甲醇可用于合成碳酸二甲酯，二氧化碳也可收集后用于上述的苯胺羰化合成异氰酸酯，因此基本无废物排放。

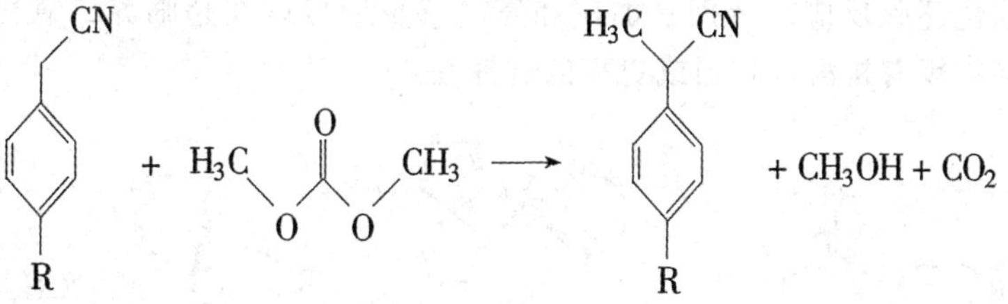

六、苄氯羰化合成苯乙酸

苯乙酸的制备过去采用的是由苄氯和氢氰酸反应合成的路线：

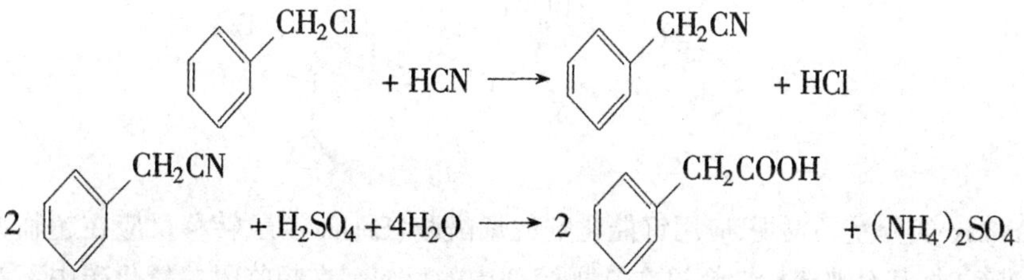

由于要使用大量剧毒的氢氰酸，因此生产过程极不安全，同时排放的废物中难免不含有氰化物，因而对环境的影响亦严重。

同样以苄氯为原料，采用羰化法可以生产苯乙酸[11]：

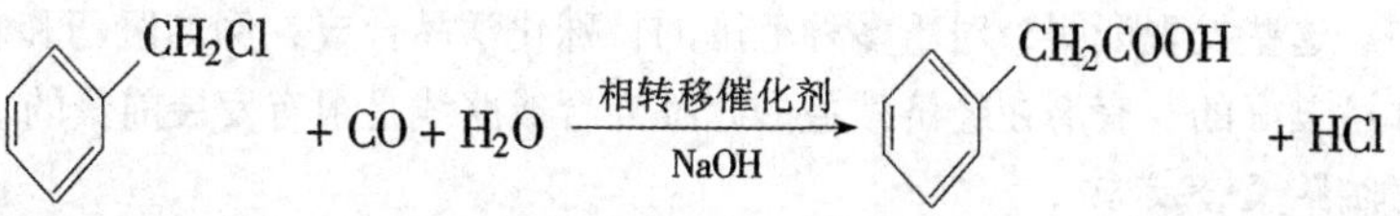

此反应在水和有机物组成的两相体系中进行,加入相转移催化剂四丁基溴化铵等,促进

反应速率加快。用一氧化碳代替氢氰酸不仅避免使用剧毒原料,而且原料成本也大大降低。这一反应不产生对环境有害的物质,反应后除生成氯化钠外,基本上无其他副产物生成。

苄氯羰化合成苯乙酸原采用溶于有机相的钯 - 膦络合物作催化剂，现在已进一步改进为采用水溶性的钯 - 膦络合催化剂 $PdCl_2$ - TPPTS[TPPTS：间 - 三苯基膦三磺酸钠，P(*m* - $C_6H_4SO_3Na$)]体系，使得催化剂与产物的分离更容易和方便。

第三节　绿 色 溶 剂

一、超临界流体

(一) 超临界二氧化碳中的不对称催化

应用超临界流体二氧化碳作为有机溶剂取代物已经成为化学工业和相关领域中减少环境污染的重要手段。咖啡的去咖啡因，啤酒花提取，精油生产和一些分析过程中都已应用无毒、不燃烧、可再生的溶剂超临界二氧化碳。对化工生产过程而言，用二氧化碳作为反应介质是一条防止污染的有希望的途径。在已探索过的应用超临界二氧化碳介质的众多反应中，有一类反应是特别有希望应用成功的[13]。美国 Los Alamos 国家实验室发现不对称催化还原反应，特别是加氢和氢转移反应可以在超临界二氧化碳介质中进行，显示出与常规有机溶剂相当或更高的选择性。

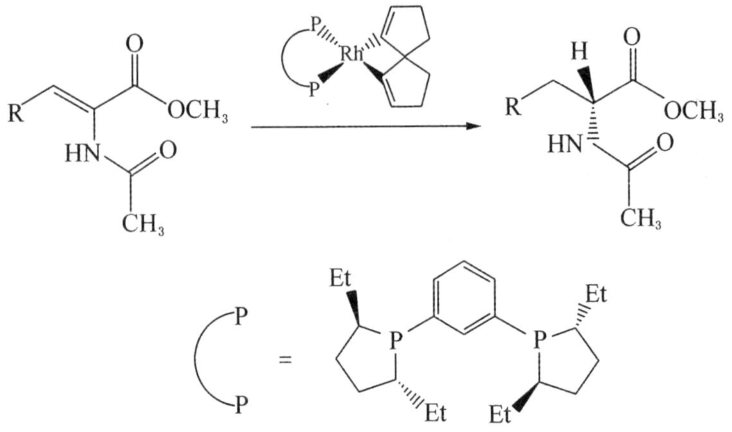

Los Alamos 实验室还发现,应用钌催化剂的烯酰胺(Enamide)氢转移反应在超临界二氧化碳介质中进行时,其对映选择性超过在常规溶剂中的反应。在超临界二氧化碳中不对称催化还原取得成功部分归结于超临界二氧化碳特性,即溶剂性质可调,气体易溶于其中,有高的扩散速率,溶剂容易分离。此外,盐在二氧化碳介质中不溶解的限制由于加入亲油性阴离子化合物已经获得解决,例如采用四[3,5 - 二(三氟甲基) - 苯基]硼酸盐(BARF)可使盐溶于超临界二氧化碳介质中。这些发现证明，对于多种范围的特殊化学品合成，例如医药和农药化学品的合成，采用环境友好的、有潜在经济效益的超临界合成路线是很有发展前景的。

(二) 超临界聚合反应

二氧化碳表面活性剂技术，或称“二氧化碳皂”(Soapy CO_2)，是使用液体/超临界二氧化碳来代替不太受欢迎的有机溶剂[13]。二氧化碳代表了一种环境友好的溶剂替代品，它可以取代现在应用于多种反应的溶剂。这种技术涉及开发与二氧化碳匹配的表面活性剂体系，以增强液体和超临界二氧化碳对烃类大分子的溶解能力，扩大其应用范围。除了聚合反应外，“二氧化碳皂”可以代替卤代烃用作清洗剂和抽提介质，以及作为有机反应的溶剂/介质。下面是“二氧化碳皂”用于聚合反应的例子：

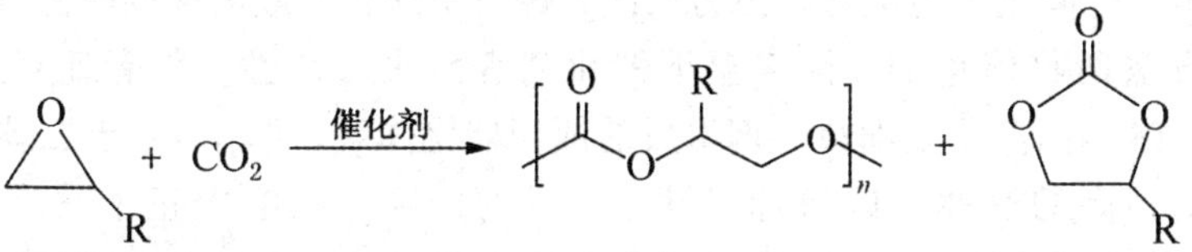

（三）在超临界二氧化碳中的自由基溴代反应

Tanko[14]介绍了用超临界二氧化碳替代常规溶剂的另一例子。他的研究结果表明，自由基溴代反应在超临界二氧化碳介质中进行时，其选择性和产率并不比常规反应条件下差。

例如，甲苯的自由基溴代反应曾用溴和 *N* - 溴代琥珀酰亚胺[$(CH_2CO)_2NBr$]（NBS）进行过研究，结果表明当用溴作溴代试剂时得到的是苄基溴（>70%）和 4 - 溴甲苯混合物；当用 NBS 作溴代试剂时，甲苯定量转化为苄基溴。

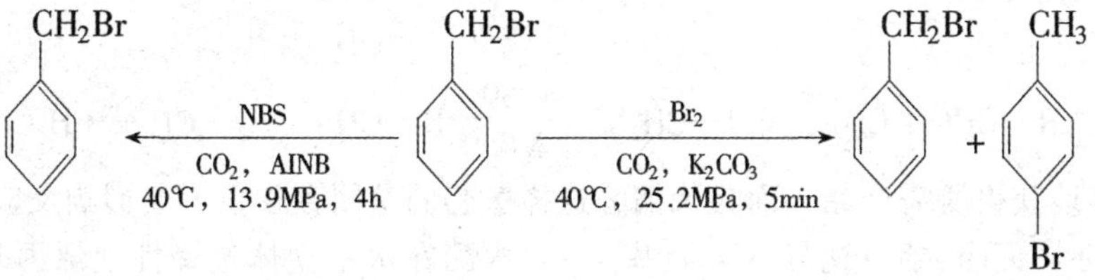

100%　　　　　>70%

二、水溶液中的反应

（一）水/有机两相体系中的烯烃氢甲酰化反应

烯烃氢甲酰化反应是典型的原子经济反应。

$$CH_3-CH=CH_2+H_2+CO\xrightarrow{HRh(CO)(PPh_3)_3}CH_3CH_2CH_2CHO+CH_3-\underset{}{\overset{CH_3}{\overset{|}{C}}}H-CHO$$

此反应生成的产物是正、异丁醛，2 分子正丁醛缩合、加氢反应生成 2 - 乙基己醇（即一般所称的异辛醇），这是生产增塑剂用丁醇和异辛醇的最主要方法。20 世纪 80 年代以前，这一生产过程是采用溶于有机溶剂的钴或铑络合物作催化剂，在均相催化反应体系中进行的。为了避免使用有机溶剂，有利于产物的分离，减少有机溶剂的挥发和排放对环境的污染，1984 年德国 Ruhrchemie AG 公司开发成功了在以水溶性铑 - 膦络合物 $HRh(CO)(TPPTS)_3$ 为催化剂的两相体系中，丙烯氢甲酰化合成丁醛的过程[15]。反应完成后，产物存在于有机相，催化剂保持在水相，通过两相分离，即可将催化剂与产物分开，而不需要采用蒸馏方法分离回收催化剂。铑 - 膦络合物水溶液催化的丙烯氢甲酰化反应和有机溶剂中进行的均相催化相比，生成醛的选择性由95%提高到99%，产物中正丁醛与异丁醛之比由10~14提高到24以上。每生产100kt丁醛，采用两相催化体系比均相催化体系节约4kt丙烯，相应也节约大量合成气，铑催化剂的消耗也显著减少。

在两相催化体系中丙烯氢甲酰化工业生产过程获得成功，大大推动了水溶性有机金属络合催化的研究和发展。对两相体系中长链烯烃氢甲酰化反应的研究进一步表明了水溶性有机金属络合催化剂的优势。因为长链烯烃氢甲酰化生成的高碳醛沸点很高，更难以用蒸馏的方法回收催化剂，因高温下催化剂容易失去活性。作者证明了RhCl(CO)$(TPPTS)_2$、TPPTS和阳离子表面活性剂组成的两相催化体系，催化1-十二碳烯氢甲酰化反应可以达到很高的活性和区域选择性，生成的产物十三醛中正十三醛含量可高达95%[16,1]。这对合成直链醛、醇、酸等精细化工品是很有用的。反应后两相容易分离，催化剂保留于水层中可以循环使用。反应过程中基本上无废物排放，是环境友好的氢甲酰化技术，有希望取代高压钴-膦络合催化剂。

（二）水溶液中铟催化反应

陈德恒[18]等首先报道了铟诱导在水中进行的Barbie-Grignard反应，开创了金属铟这一较少被人利用的元素在水溶液中催化有机物转化的研究。因诱导反应不需要加入酸和其他促进剂，也无需使用有机助溶剂，反应在室温下平稳进行。例如铟诱导的羰基化合物烯丙基化反应，

$$R-CHO + CH_2=CH-CH_2X \xrightarrow[\text{室温}]{In/H_2O} R-\underset{}{\overset{OH}{\overset{|}{C}H}}-CH_2-CH=CH$$

可以高产率地获得所需产品，而且像缩醛这样敏感的基团存在也不会影响反应。

Paquette[19]证明，铟可诱导γ-羟基-γ-内酯在水中立体选择性地烯丙基化，产率较高(93%)。这是合成Cembranoids类化合物的重要中间体。

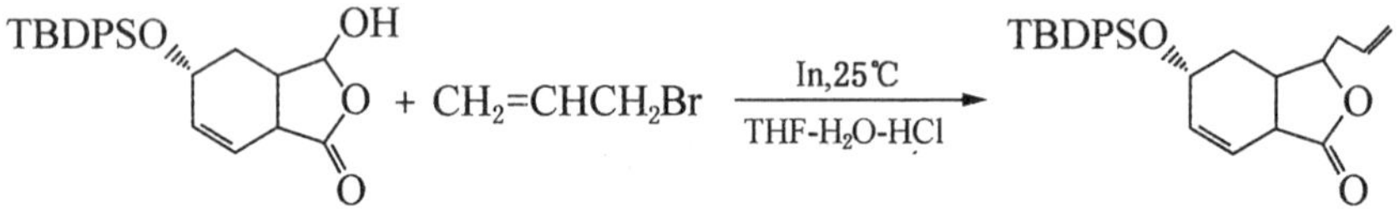

铟是无毒的，不怕空气氧化，容易通过简单的电化学方法回收，因此可重复使用，保证排出的水无污染。此外，当采用此技术时，保护基和脱保护基以及惰性气体保护等均不需要，操作很方便。

（四）水溶液中自由基溴代反应

New Jersey技术研究所和其他大学合作开发了一种多相反应器(Multiphase Reactor)，它使得药物和特殊化学品制造中可用水作反应介质，避免采用有害的有机溶剂[20]。这种技术已用于有机物在水溶液中进行的自由基溴代反应。对环氧化反应已开发出一种半连续的滴流床反应器。这是从头治理挥发性有机化合物的方法。

三、固定化溶剂(Immobolized Solvent)

麻省理工学院的研究人员开发了一类聚合物溶剂，这类溶剂与常规用于化学合成、

分离和清除等过程中的溶剂有类似的溶剂化性能[21]。这类溶剂是现在用于反应和分离过程中的溶剂的聚合衍生物。这种溶剂可用作反应或分离的介质。它们可用高级烷烃稀释。一些高聚物或低聚物溶剂，例如四氢呋喃衍生物已经合成出来了。

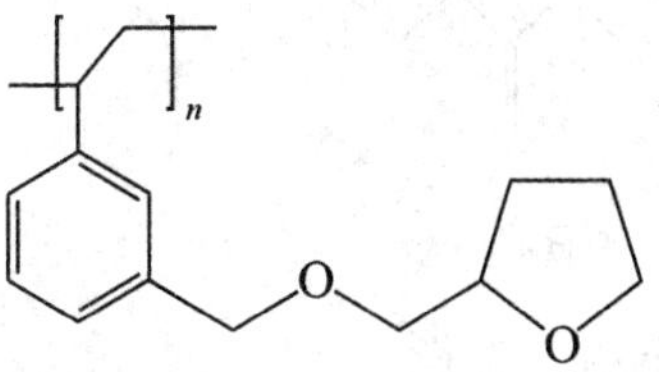

它是将所需要的官能团连接在聚合物骨架上制备的。这种聚合物溶剂可通过机械分离方法(例如用超滤法)回收而不需要蒸馏过程。溶剂设计和合成的概念十分重要，它可以用来帮助开发可降低空气和水污染的新的溶剂体系。

第四节　改变反应方式和反应条件

一、串联反应组合

改变反应方式方面，值得注意的是近年来发展起来的串联反应。这类反应不用分离反应中间体，从几种原料经一步反应即可生成较复杂的产物。例如，下述反应可以一步完成[22]：

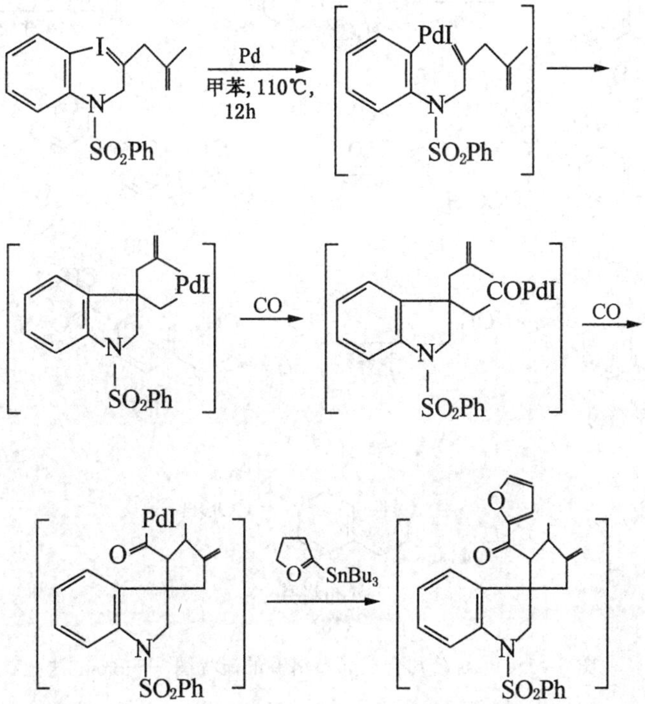

上述反应过程中，采用了3种反应物分子和钯催化剂，一步反应就生成5个C—C键和3个新环。Trost[23]等还将串联反应用于下列原子经济性反应，一步合成了多螺环产物。

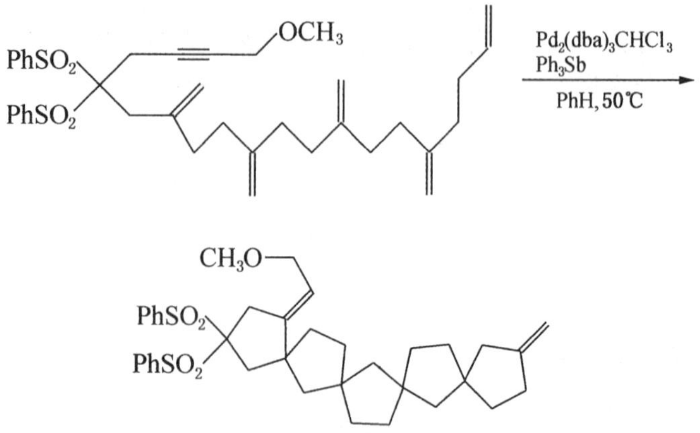

二、异布洛芬的合成

英国诺丁汉州的布特公司 PLC(异布洛芬的发现者)在 1960 年取得了异布洛芬合成的专利(US 3385886),许多年来工业上生产异布洛芬都采用这一方法。过去 40 年来,这一合成方法不仅生产了上千吨的异布洛芬,同时也伴随着产生了几千吨的不希望的和不能循环使用的副产物,这些副产物必须加以处理。传统的合成异布洛芬的反应如图 6-1 所示。

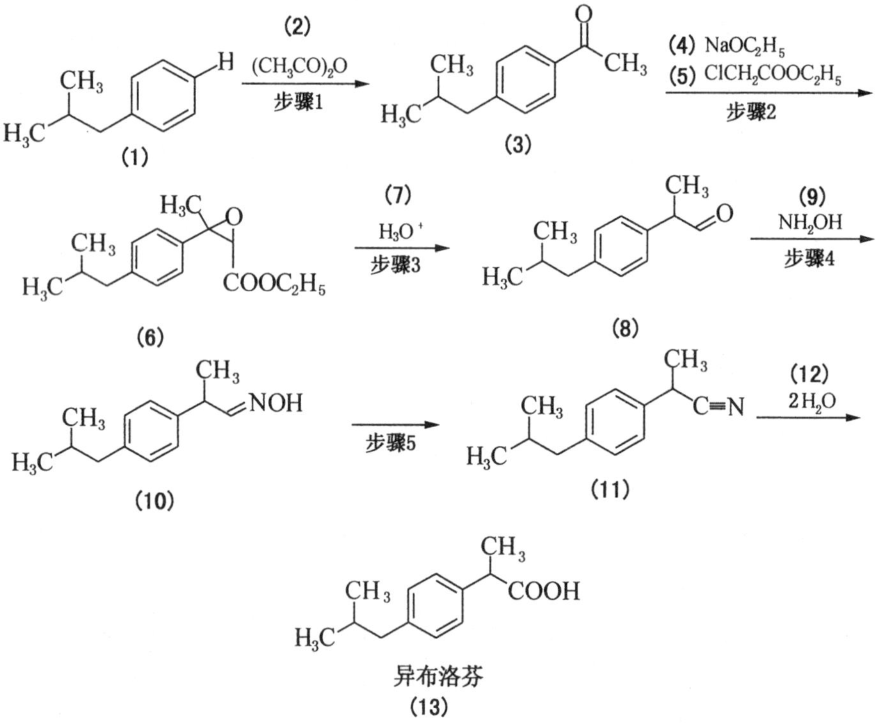

图 6-1 Boots 公司合成异布洛芬的流程图——Brown 法

表 6-2 中列出了上述合成反应的原子经济性。从表中可以看到许多反应原子没有进入异布洛芬中,计算出来的原子经济性仅为 40%,这表示反应试剂中的原子有 60%

在这个合成过程中生成了不希望的副产物。因此，如何提高异布洛芬合成的原子经济性，以实现原料的充分利用，减少环境的污染，成为这一药品生产中必须解决的问题。

表 6-2 Brown 法合成异布洛芬的原子经济性①

试剂			被利用部分		未利用部分	
编号	分子式	相对分子质量	分子式	相对分子质量	分子式	相对分子质量
(1)	$C_{10}H_{14}$	134	$C_{10}H_{13}$	133	H	1
(2)	$C_4H_6O_3$	102	C_2H_3	27	$C_2H_3O_3$	75
(4)	$C_4H_7ClO_2$	122.5	CH	13	$C_3H_6ClO_2$	109.5
(5)	C_2H_5ONa	68		0	C_2H_5ONa	68
(7)	H_3O	19		0	H_3O	19
(9)	NH_3O	33		0	NH_3O	33
(12)	H_4O_2	36	HO_2	33	H_3	3
	反应物合计		产物异布洛芬		产生的废物	
	$C_{20}H_{42}NO_{10}ClNa$	514.5	$C_{13}H_{18}O_2$	206	$C_7H_{24}NO_8ClNa$	308.5

① 原子经济性 = (异布洛芬相对分子质量/所有反应物相对分子质量) × 100% = (206/514.5) × 100% = 40%。

在 80 年代中期，美国 FDA 批准异布洛芬作为非处方药使用，其他的公司认识到合成这种药的发展前景很好，着手研究新的合成方法和开发他们自己的生产异布洛芬技术。Hoechst 公司和 Boots 公司联合组成的 BHC 公司研制开发新的异布洛芬的绿色合成路线[24]。新路线如图 6-2 所示。

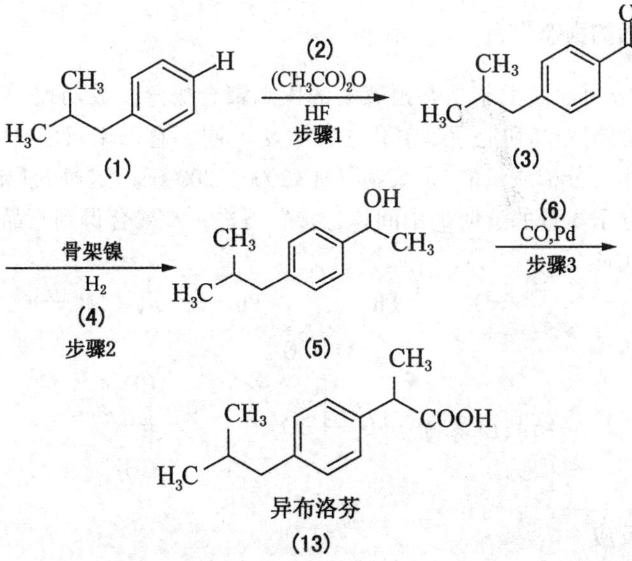

图 6-2 BHC 公司合成异布洛芬的流程图——绿色法

表 6-3 中列出了新合成路线的原子经济性为 77%，如果考虑到第一步反应产生的乙酸回收利用，则原子经济性升至 99%。

表 6-3 绿色法合成异布洛芬的原子经济性①

试剂			被利用部分		未利用部分	
编号	分子式	相对分子质量	分子式	相对分子质量	分子式	相对分子质量
(1)	$C_{10}H_{14}$	134	$C_{10}H_{13}$	133	H	1
(2)	$C_4H_6O_3$	102	C_2H_3O	43	$C_2H_3O_2$	59
(4)	H_2	2	H_2	2	—	0
(6)	CO	28	CO	28	—	0
	反应物合计		产物异布洛芬		产生的废物	
	$C_{15}H_{22}O_4$	266	$C_{13}H_{18}O_2$	206	$C_2H_4O_2$	60

① 原子经济性 = (206/266) × 100% = 77%。

对比两条路线可以看出它们的第一步都是经异丁基苯的酰化产生相同的产物。然而，在第一步中老的合成方法使用化学计量的三氯化铝，这会产生大量无用副产物水合三氯化铝，通常此废物未回收。相比之下，新的合成方法以氟化氢作为可回收利用的催化剂，显示出优越性。步骤 2 和 3 的骨架镍与钯催化剂也可回收利用。与老方法六步合成相比，新合成方法通过三步催化反应即可完成，消除了大量的废物，并且还有生产能力大的多，在较短的时间和较少的资金投入下，生产效率高得多的优点。在环境效益与低投入获益方面，绿色合成显示出极大的优势。

BHC 公司的异布洛芬合成方法的研制成功不仅在 1997 年赢得美国总统绿色化学挑战奖，而且在 1993 年还曾经赢得了 Kirpafrick 化学工程成就奖。

三、碳酸二苯酯的固态聚合

Asahi 化学工业公司发展了非晶态预聚物的固态聚合概念，成功地用于制造聚碳酸酯[25]。此法与传统的用光气和亚甲基氯化物的方法不同，它采用双酚 A 和碳酸二苯酯直接反应生成较低相对分子质量的“预聚物”(MW2000 ~ 20000)，这种“预聚物”通过结晶法转化为较高相对分子质量的透明的中间体，接着再进一步聚合得到产品。

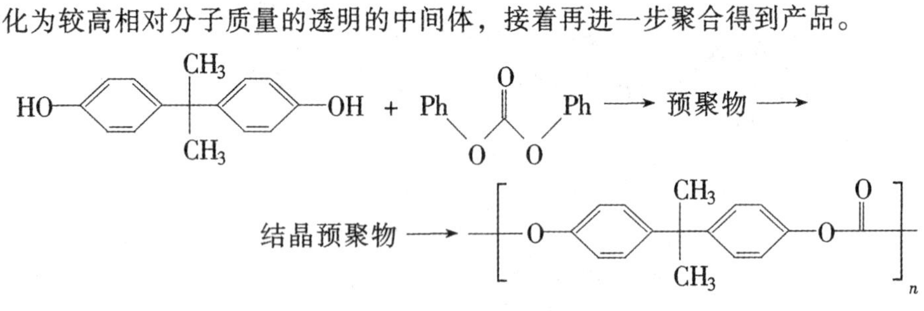

四、辐射促进反应

(一) 二硫代保护基的可见光光敏裂解

Epling 描述了设计环境友好的石油化学反应的构想[26]。他在研究二噻烷(Dithianes)、噁噻烷(Oxathian)和苄醚等氧化反应中加入光敏剂，用可见光引发脱保护基反应。羰基化合物的二硫代衍生物用可见光脱保护基就是一例。用常规的 120W 点光源(Spot Light)

和次甲基绿作光敏剂。二硫代衍生物可转化为相应的醛和酮，产率很高。

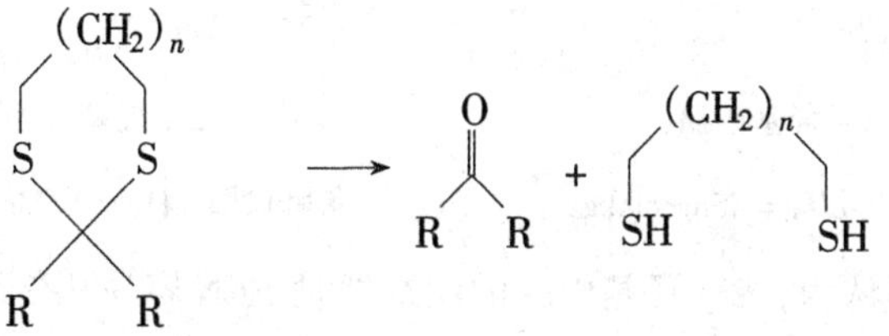

（二）Friedel - Crafts 反应的光化学方法

为避免传统 Friedel - Crafts 反应的副反应产物污染，Kraus 开发了一种新方法[27]，利用醛和醌的光化学中介反应，合成苯并二氮杂卓（Benzodiazepine）、苯品（Benzoepine）等环状衍生物。

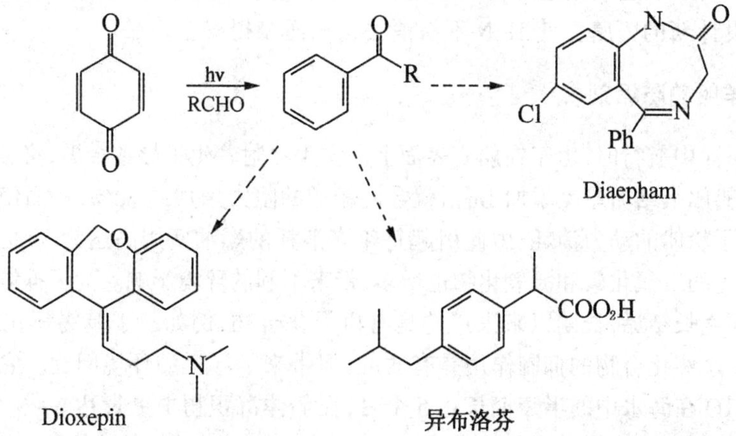

这种方法避免使用对空气敏感的酸性氯化物，Lewis 酸催化剂（$AlCl_3$，$SnCl_2$，$TiCl_3$）或硝基苯、二硫化碳和四氯化碳等溶剂。

第五节　绿色化学产品

安全化学品的设计对任何化学化工产品都是适用的，这里给出了几个不同产品的例子作说明。设计安全化学品是为了大大降低产品的危害性，以便符合环境友好的要求。

一、更安全的腈的设计

Devito 对腈基毒性进行了广泛的研究，他报道了如何评估一个特定官能团的毒性大小顺序。了解这一顺序后，人们就可以应用这些资料来设计安全的化学品[28]。了解毒物结构和毒性关系后，改进合成路线就可制得毒性低的产品。他所描述的原则可普遍应用于研究任何一类化合物。

Devito 所研究的实例之一是：3 - 羟基丙腈与 2 - 羟基丙腈的毒性比较研究。毒物学研究表明，2 - 羟基丙腈的毒性比 3 - 羟基丙腈大得多：

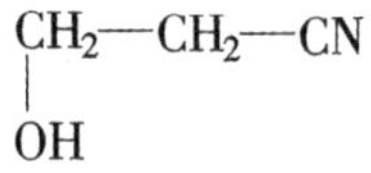

3－羟基丙腈

老鼠口服 LD_{50} = 45mmol/kg

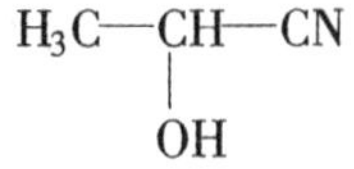

2－羟基丙腈

老鼠口服 LD_{50} = 1.23mmol/kg

他所提出的机理认为，2—羟基丙腈的剧毒性是 HCN 容易从偕醇腈上消去造成的。

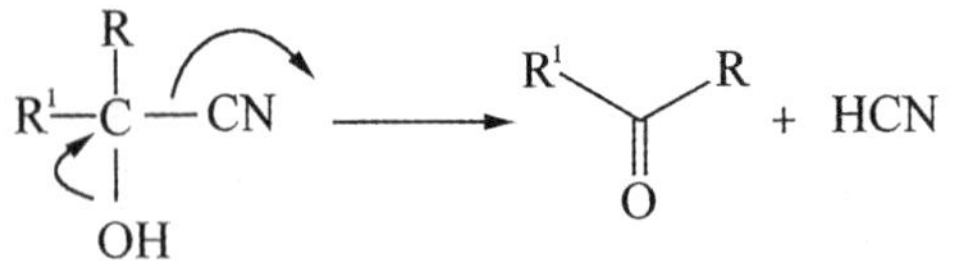

根据 α－碳原子上取代基的性质不同，这种消去反应可以加快或减慢。了解这一点后，就可以设计新的丙腈，使 HCN 不易消去，从而制得安全产品。

二、海洋船舶防垢剂

轮船在海洋中航行时，由于在船底表面上海洋生物附着生长导致结垢，将影响船舶的航行。据测算，船舶上结垢厚度添加 1mm，就会使船舶的阻力增加约 80%，从而使船舶航速大大减慢，增加了轮船的动力消耗，由此引起每年多消耗的燃油费用高达约 30 亿美元。燃油消耗增多，产生的二氧化碳和氮氧化物也增多，带来不利的环境影响。为了抑制海洋中动植物在船底表面生长结垢，长期以来采用的是有机锡化合物，例如三丁基锡氧化物(TBTO)添加到油漆中。这些化合物的抑制作用是有效的，但带来了广泛的环境问题。它们在环境中长期存在，TBTO 在海水中的半衰期长达 5 个月，在船体沉积物中更长达 6～9 个月，因此它的分解需要很长的时间才能完成。而且已发现 TBTO 在海洋动物体内有生物积累效应，它使海洋动物体内 TBTO 浓度大大超过周边环境的 TBTO 浓度，在某些情况下这种浓度差高达 10000 倍。TBTO 有多种毒副作用，它除了使海洋动物慢性中毒外，它在生物体内的积累效应，对海洋会造成灾难性影响，降低了海洋生物的再生产能力，增加了介壳类海洋动物壳层的厚度。因此美国限制在船舶涂料中使用有机锡化合物，并责成美国环境保护署和海军部门负责研究取代有机锡的产品。许多欧洲国家和日本也对使用有机锡产品有限制，联合国和国际海事组织也在讨论关于限制使用含有机锡化合物的船舶油漆。

理想的可阻止海洋生物在船底表面生长的药品不应该伤害其他海洋生物。Rohm & Haas 公司研究出了4，5－二氯－2－正辛基－4 异噻唑啉－3－酮[称为 Sea－Nine(tm)抗浮游生物剂]

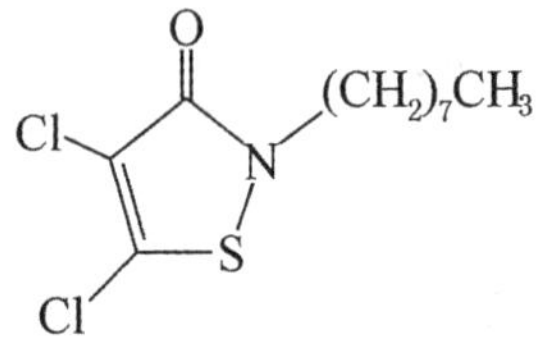

这类新的抗浮游生物药品的毒副作用小，并已用于船舶涂料中，效果很好[29]。

Sea－Nine(tm)抗浮游生物剂降解很快，在海水中的半衰期是 1d，在沉积物中仅 1h。

比 TBTO 降解要快很多，降解途径如下：

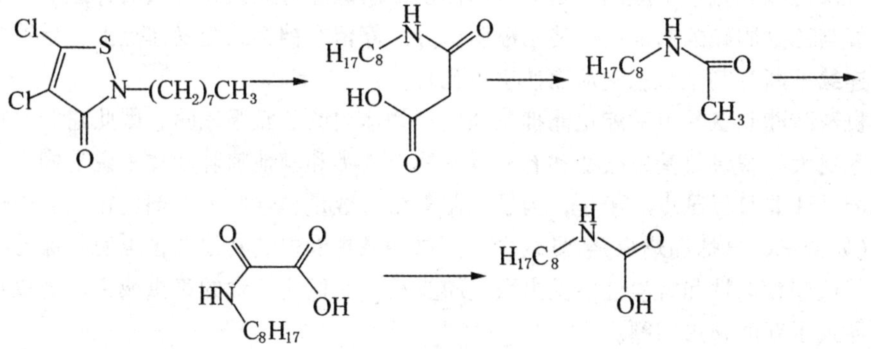

Sea－Nine(tm)抗浮游生物剂在生物体中累积基本上为零，因此对非目标海洋生物不会造成危害。

三、低毒杀虫剂

有机磷酸酯、氨基甲酸酯和有机氯化合物大量用作农药。有机磷酸酯和氨基甲酸酯对环境的危害比有机氯农药(比如艾氏剂、狄氏剂和 DDT)的危害相对较小，这是因为有机磷酸酯和氨基甲酸酯残留时间短不易进入食物链。

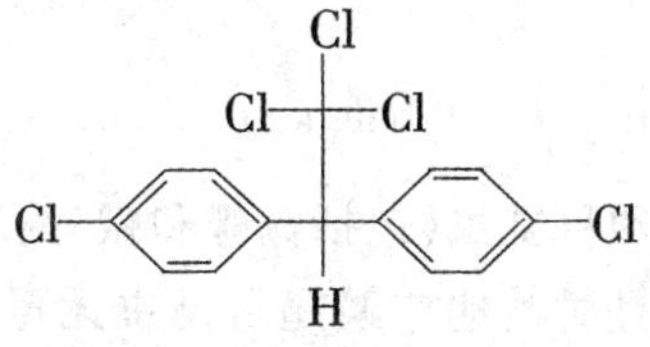

DDT

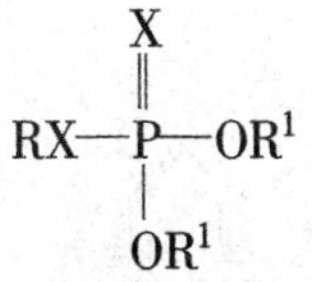

(X ＝ O 或 S; R^1 ＝ CH_3 或 C_2H_5)

有机磷酸酯

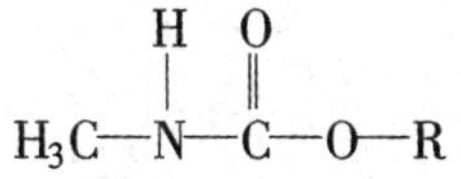

N－氨基甲酸酯

除了残留时间长外，有机氯农药在有机介质(如脂肪组织)中的可溶性优于在水中的可溶性，因此它们容易在生物体(特别是在水生物)的脂肪组织中积累，这种现象称为生物积累。DDT 和它的代谢/分解产物 DDE 曾使知更鸟、秃鹰和极地游隼的数量大量减少。而有机磷酸酯和氨基甲酸酯不像 DDT 那样残留时间长(因为它们在环境中容易分解)，但它们可能会对人类和其他非目标生物体造成很大的危害。

有机磷酸酯的结构中有 1 个中心膦原子，该膦原子以双键和硫原子或氧原子相连，并连接 1 个—OR 或—SR 基团(R 基团不同,农药性质就不同)，此外还连接了 2 个—OCH_3或—OCH_2CH_3 基团。氨基甲酸酯可看作是酯和酰胺的缩合物。有机磷酸酯和氨基甲酸酯能与水反应分解为无毒的物质。

有机磷酸酯和氨基甲酸酯都是通过抑制乙酰胆碱酯酶而破坏害虫的神经系统。同时它们又能与乙酰胆碱酯酶反应，使乙酰胆碱分子停留在神经细胞受体点上，导致神经细胞处于连续不断的刺激状态中从而使害虫死亡。

有机磷酸酯和氨基甲酸酯也能抑制哺乳动物体内的乙酰胆碱酶，因此它们对哺乳动物的危害更大。很多氨基甲酸酯和有机磷酸酯对人类和其他哺乳动物来说是剧毒的，而且它们会杀死非目标昆虫。于是，为了控制害虫的数量，这些杀虫剂就在无意中使大量的益虫(如蜜蜂、蜘蛛和螨虫)数量减少，而这些昆虫能控制其他的害虫使其保持在一定数量内。这些食肉性和寄生性的昆虫数量减少后，它们所扑食的害虫减少，害虫数量增加，就导致了新的害虫问题。

Rohm & Hass 公司发明了一类含有二酰基肼基团的杀虫剂，可模仿昆虫脱皮过程中昆虫体内的 20 - 羟基脱皮素。Rohm & Hass 公司已经投放市场的一种杀虫剂 CONFIRM[30]，是用 Tebufenozide 作为其活性组分。

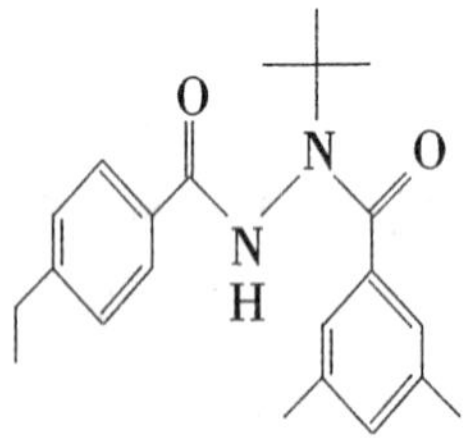

Tebufenozide

这种杀虫剂可对毛虫、鳞翅目昆虫(包括蝴蝶和蛾)的幼虫起抑制作用。Tebufenozide 对抑制害虫数量非常有效，并且对其他非鳞翅目昆虫无毒。因此，这种杀虫剂对蜜蜂、寄生虫类、蜘蛛和螨虫无害，对鱼类、鸟类、人类的危害也很小。

Rohm & Hass 公司使用的含二乙酰基肼的另一类杀虫剂 Halofenozide 也是一种选择性杀虫剂。

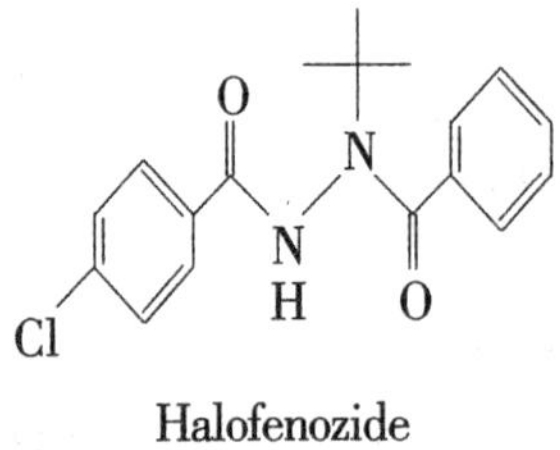

Halofenozide

Halofenozide 的作用原理与 Tebufenozide 相似，不过作用对象不同，而是甲虫幼虫、夜盗蛾和结网毛虫。Halofenozide 可用于草坪和高尔夫球场的绿地保护。与 Tebufenozide 一样，Halofenozide 对非目标昆虫和人类很安全。

Tebufenozide 与 20 - 羟基脱皮素一样，能与脱皮素受体键合，即可使昆虫的脱皮过程开始。不过，20 - 羟基脱皮素最终会降至原来的基础水平，使昆虫脱去旧的外皮，并恢复进食。而 Tebufenozide 在昆虫体内停留时间长得多，因此昆虫就不能脱去它旧的外皮，也不会恢复进食。由于昆虫停留在脱皮阶段不能进食，从而使昆虫脱水死亡，或者饿死。

Rohm & Hass 公司还发明了含二酰基肼的第三类杀虫剂 Methoxyfenozide，这种杀虫剂可抑制更多的昆虫，并且比 Tebufenozide 更有效。

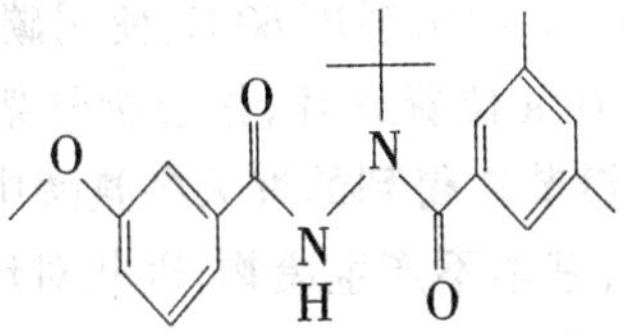

Mythoxyfenozide

Rohm & Hass 公司销售的杀虫剂 MACH2(含有 Halofenozide)，可用于草皮和灌木丛。另一种杀虫剂 CONFIRM(含有 Tebufenozide)，可用于油菜类作物、棉花、树林、核桃树和甘蔗等作物。该公司将投放市场的第三种杀虫剂将以 INTREPID 之名销售(这种杀虫剂含有 Methoxyfenozide 催脱皮素)，只是用于何类作物还未解决。该公司希望 INTREPID 能取代 CONFIRM。

CONFIRM 和 INTREPID 已经被美国环境保护署评定为危害最小的杀虫剂。它们能减少对人类健康的危害，减少对非目标昆虫的影响，减少对环境的污染，因此是比较安全的农药。

四、聚天冬氨酸作阻垢剂

硫酸钡、硫酸锶、硫酸钙和碳酸钙等水不溶物质是在水处理过程中经常遇到的麻烦问题，例如在矿井、印染、造纸、各种工业生产和油田生产中的给排水设备都会遇到此问题。这些不溶物质在锅炉管道、水泵、热水器和冷凝器中积累，形成水垢，降低了管道的流通量，阻碍热量传输，导致使用寿命缩短。水垢使这些系统不能有效的运转，增加了能耗，需要频繁地维护。因此，工业用水通常需要使用阻垢剂，阻止水垢在管道、水泵、冷凝塔、锅炉、热水器中积累。

聚丙烯酸酯(PAC)是最常用的工业阻垢剂之一，每年这种聚合物大量用于阻止水垢的生成。它能作为阻垢剂是因为它在晶体表面有很强的吸附作用，附着在晶体的生长点上以阻止更多的不溶物沉积。

PAC 还用作洗涤剂中的成分，许多家用衣物洗涤剂含有大约 5%PAC。在这种应用中，PAC 作为助剂和反沉淀剂，它能螯合金属离子，如硬水中的钙、镁离子，分散悬浮固体，阻碍它们沉淀在衣物上。

PAC 基本上是无毒的，但不能被降解，这造成了在废水处理设施中必须经常清除 PAC 的问题。对这种存在于水中的不易挥发的化学品有两种处理方法，一是物理方法，不溶解的化学品用沉淀和吸附法分离出后将它运去填埋；二是微生物处理方法，通过微生物降解将化学品分解成对环境无害的二氧化碳、水和生物质。

Donlar 公司已经开发出一种生产聚天冬氨酸(TPA)的可行方法，TPA 是一种 PAC 替代品，可用来消除水垢。和 PAC 不同的是，TPA 可以被微生物降解，它解决了 PAC 淤渣提取及填埋的问题。它还能在油田生产中用作防腐剂并最终取代目前使用的有毒性的胺类防腐剂[31]。

TPA 除用作锅炉阻垢剂、分散剂、防腐剂外，Donlar 公司还把它用在农业生产上作为营养吸收剂。使用 TPA 后，农作物可以更有效地吸收肥料和营养物，这样农业生产中可以少施肥料，减少化学品进入环境。

由 Carnegie Mellon 大学的特雷斯·科林斯发现的漂白活化剂（TAML）[32]可使过氧化氢用作漂白剂的效率提高。这些活化剂作为催化剂在氧化、漂白去除木质素过程中促使过氧化氢转化成羟基自由基，因此使过氧化氢的氧化能力增强。TAML 活化剂的催化活性可使过氧化氢在较短的时间(从 6h 缩短为 1h)内分解相同量的木质素，同时又保持了高选择性，而且，过氧化氢与 TAML 配合使用时，要求的反应温度相对较低（从 120℃降至 50℃)。因此，TAML 活化剂使过氧化氢成为一种有选择性和快速的漂白剂，只产生环境友好的副产物水和氧气，避免了氯气漂白工艺中的有毒化合物生成。

TAML 结构的重要特征是配体的结构特殊，它和铁形成的配合物抗氧化性好，有较长的有效寿命。

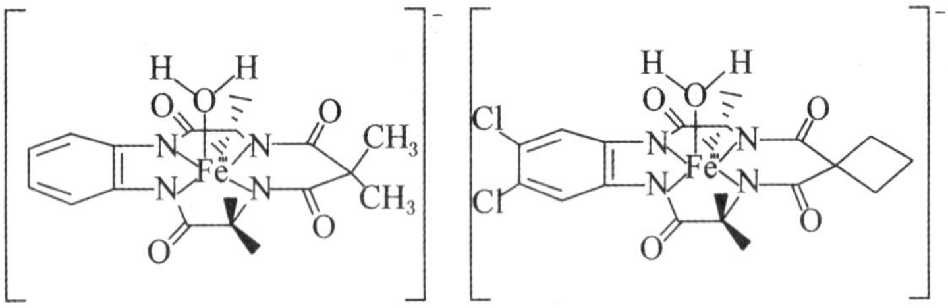

TAML 除了可用于催化漂白、去木质素反应外，还可用于洗衣业，因为它们可防止织物之间的染料迁移，并活化很多漂白剂中的过氧化氢。染料迁移是造成洗衣用水多的原因之一，因此 TAML 活化剂的使用可减少洗衣时的用水量。

参 考 文 献

1 蒋大智，李小宝，王恩来．羰基化合成乙酸和乙酐．见：殷元骐主编．羰基合成化学．北京：化学工业出版社，1996.143

2 Office of Pollution Prevention and Toxics(1996).The Presidential Green Chemistry Challenge Awards Program, Summary of 1996 Award Entries and Recipients, July, EPA 744 – K – 96 – 001 P. 2, U. S. Environmental Protection Agency, Washington, D. C.

3 (a)Stern M K, Hileman F Dand Bashkin J K.J Am Chem Soc, 1994, 114: 9237; (b)Stern M K and Cheng B K.J Org Chem, 1993, 53: 6883; (c)Stern M K, Cheng B K, Hileman F D and Allman J M.J Org Chem, 1994, 59: 5627

4 陆熙炎．绿色化学与有机合成及有机合成中的原子经济性．化学进展，1998，10(2)：123.

5 Cann M C and Connelly M. Real – World Cases in Green Chemistry. American Chemical Society, 2000.31

6 (a)Draths K M and Frost J W.J Am Chem Soc, 1990, 112: 1657, 9630; (b)ibid, 1991, 113: 9361.

7 (a)Chang V S, Burr B and Holtzapple M T, Appl Biochem Biotechnol, 1997, 63 ~ 65: 3; (b)Office of Pollution Prevention and Toxics(1996).The Presidential Green Chemistry Challenge Awards Program Summary Of 1996 Award Entries and Recipients, July, EPA 744 – K – 96 – 001 p. 7, U.S. Environmental Protection Agency, Washington, D. C.

8 Office of Pollution Prevention and Toxics(1996). The Presidential Green Chemistry Challenge Awards Program Summary Of 1996 Award Entries and Recipients, July, EPA 744 – K – 96 – 001 p, 3, U. S. Environmental Protection Agency, Washington, D. C.

9 (a)McGhee W D and Riley D P. Organometallics, 1993, 12: 900; (b)McGhee W D, Riley D P, Christ M E and

Christ K M. Organometallics, 1993, 12: 1429; (c) Riley D P and Pan Y. J Chem Soc Chem Commun, 1994, 699; (d) Waldman T E and Riley D P. J Chem Soc Chem Commun, 1994, 957

10 Tundo P, Trotta F and Moraglio G J. Org Chem, 1987, 52: 1300; (b) Tundo P, Trotta F, Moreglio G and Ligorati F. Ind Eng Chem Res, 1998, 27: 1565; (c) Tundo P, Trotta F and moraglio G. J Chem Soc Perkin Trans, 1989, 1: 1070; (d) Tundo P and Selva M. Chemtech, 1995, 31

11 Beller M and Krauter J G E. Aqueous – phase Organometallic Catalysis, Concepts and Applications. Ed. By Cornils B and Herrmann W A. Weinheim: Wiley – Vch, 1998. 375

12 (a) Burk M J, Feng S, Gross M F and Tumas W J. J Am Chem Soc, 1995, 117: 4423; (b) Office of Pollution Prevention and Toxics (1996). The Presidential Green Chemistry Challenge Awards Program Summary Of 1996 Award Entries and Recipients, July, EPA 744 – K – 96 – 001 p. 38, U. S. Envirnmental Protection Agency, Washington, D. C.

13 (a) Guan Z and Desimone J M. Macromolecules, 1994, 27: 5527; (b) Desimone J M, Manry E E, Menceloglu Y Z, McClain J B, Romack T J and Combes J R. Science, 1994, 265: 356; (c) Office of Pollution Prevention and Toxics (1996). The Presidential Green Chemistry Challenge Awards Program, Summary Of 1996 Award Entries and Recipients, July, EPA 744 – K – 96 – 001 p. 11, U. S., Environmental Protection Agency, Washington, D. C.

14 Tanko T M, Suleman N K, Hulvey G A, Park A and Powers, J E. J Am Chem Soc, 1993, 115: 4520; (b) Tanko J M and Suleman N K. J Am Chem Soc, 1994, 116: 5162; (c) Tanko J M and Blackert J F. Science, 1994, 263: 203

15 Cornils B, Herrmann W A and Rasch M. Angew Chem Int Ed Engl, 1994, 33: 2144

16 (a)陈华,黎耀忠,程溥明,陈骏如,胡家元,李贤均．催化学报,1999,20(5):571;(b) Chen Hua, Li Yaozhong, Chen Junru, Cheng Puming, He Yue, Li Xianjun. J Mol Catal A: Chemical, 1999, 194: 1

17 Li Yaozhong, Chen Hua, Chen Junru, Cheng Puming, Hu Jiayuan and Li Xianjun. Chinese J Chem, 2001, 19: 58

18 Li C J and Chen T H. Tetra Lett, 1991, 32: 7017

19 (a) Bernardelli P and Paquette L A. J Org Chem, 1997, 62: 8284

20 Office of Pollution and Toxics (1996). The Presidential Green Chemistry Challenge Award Program, Summary of 1996 Award Entries and Recipients, July, EPA 744 – K – 96 – 001, p. 11, U. S. Environmental Protection Agency, Washington, D. C.

21 (a) Office of Pollution and Toxics (1996). The Presidential Green Chemistry Challenge Award Program, Summary of 1996 Award Entries and Recipients, July, EPA 744 – K – 96 – 001, p. 8, U. S. Environmental Protection Agency, Washington, D. C.; (b) Hurter P N and Hatton T A. Langmuir, 1992, 8: 1291

22 Hall N. Science, 1994, 266: 32

23 (a) Trost B M. Science, 1991, 254: 1471; (b) Trost B M. Pure Appl Chem, 1992, 64: 315; (c) Trost B M. Angew Chem Int Ed Engl, 1995, 34: 259

24 Cann M C and Connelly M E. Real – World Cases in Green Chemistry. American Chemical Society, 2000. 19

25 Komiya K, Kukuoka S, Aminaka M, Hasegawa K, Hachiya H, Okamoto H, Watanabe T, Yoneda H, Fukawa I And Dozone T. New Progress for Producing Polycarbonate Without Phosgene and Methylene Chloride. In: Anastas P T and Williamson T C. Green Chemistry: Designing Chemistry for the Environment. American Chemical Society Symposium Series, No. 626, American Chemical Society, 1996. 1 ~ 17

26 Epling G A and Wang Q. Preparative Reactions Using Visible Light: High Yields from Pseudoelectrieal Transformation. In: Anastas P T and Farris C A. Benign by Design : Alternative Synthetic Design for Pollution Prevention. American Chemical Society Symposium Series, No. 577, p. 2, American Chemical Society

27 Kraús G A and Kirihara M. J Org Chem, 1992, 57: 3256
28 (a) Grogam J, Divito S C, Pearlman R S and Korzekwa K R. Chem Res in Tex, 1992, 5: 548 (b) Divito S C and Pearlman R S. Med Chem Res, 1992, 1: 461
29 Office of Pollution and Toxics (1996). The Presidential Green Chemistry Challenge Award Program, Summary of 1996 Award Entries and Recipients, July, EPA 744 – L – 96 – 001, p.4, U.S. Environmental Protection Agency, Washington, D. C.
30 Office of Pollution and Toxics (1996). The Presidential Green Chemistry Challenge Award Program, Summary of 1996 Award Entries and Recipients, July, EPA 744 – L – 96 – 001, p.30, U.S. Environmental Protection Agency, Washington, D. C.
31 Office of Pollution and Toxics (1996). The Presidential Green Chemistry Challenge Award Program, Summary of 1996 Award Entries and Recipients, July, EPA 744 – L – 96 – 001, p.5, U.S. Environmental Protection Agency, Washington, D. C.
32 Cann M L and Connelly M E. Real – World Cases in Green Chemistry. American Chemical Society, 2000. 55

第七章　绿色化学发展趋势

绿色化学和整个化学的发展一样是前景广阔的。绿色化学正处于连续性技术进步和非连续性技术进步的不断开拓中，原有技术的改进，新的发现和创造发明的涌现推动着绿色化学不断完善，达到环境友好的目的。因此某些对化学学科发展有重要意义，同时又有潜在的重大经济和社会效益的研究领域中绿色化学的发展趋势值得关注。

第一节　不对称催化合成

21 世纪将是手性化合物大显身手的时代，在近年来这一爆炸式发展的领域中，许多机遇和挑战来自药物领域[1]。科学家已越来越清楚地认识到外消旋药物中错误的对映异构体是一种“药物污染”，它的毒副作用可能比医药上有活性的对映异构体的疗效要大得多。一个典型的例子是一种叫 Thalidomide 的药物：

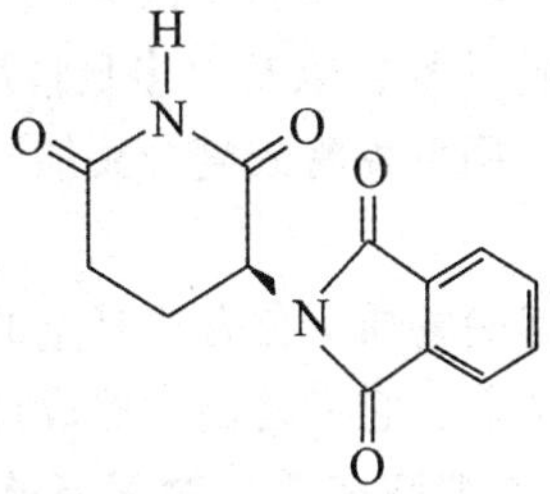

镇静剂

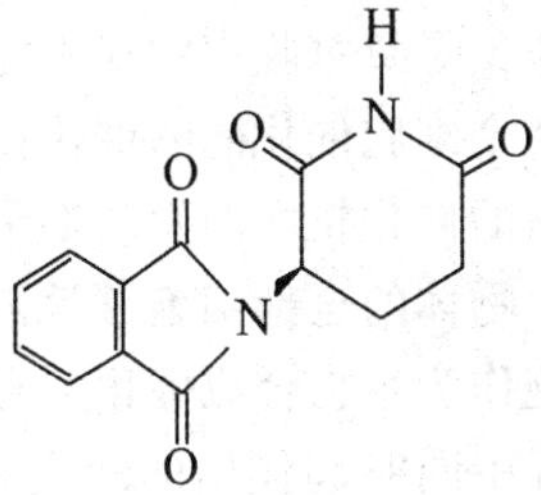

致畸剂

它的 *R* – 对映异构体是一种有效的镇静剂，然而它的 *S* – 异构体是一种强的胎儿致畸剂。这种药物原是以外消旋结构出售的，后来发现它会引起胎儿畸变。最近，Eli Lilly 公司被迫取消它的抗感染药物 Craflex，因已发现此种药物中非活性的 *R* – 对映体对肝脏有损害。因此，国外对外消旋药物要求拆分成单一对映体的形式出售的规定越来越严格。

单一对映体的手性化合物的重要性不仅限于医药，在农药和光电新材料发展中，已经证明单一对映体的手性化合物具有更高效率和更优异性能，因此越来越受到人们的重视。

制造光学纯化合物的方法有：化学合成 – 拆分法，不对称化学合成法，不对称催化合成法和发酵法。化学合成所得到的是外消旋化合物，两种对映体各占一半，因此必须经拆分才能得到单一的对映体。这意味着有一半产物是无用的。不对称化学合成较之一般化学合成法前进了一大步，它采用化学计量的手性试剂选择性合成手性化合物，但由于手性试剂昂贵，限制了它在工业上的推广应用。不对称催化具有独特优势，主要是由于它有“手性增殖”或“手性放大”作用，即通过使用催化量的手性催化剂可以立体选择性地生成大量手性化合物。它和发酵不同，不对称催化工艺不局限于“生物”类型的底物，并且 R – 异构体和 S – 异构体同样容易生成，只要采用不同构型的手性催化剂就可实现。不对称催化也避免了发酵过程中产生的大量失效营养媒介物的处理问题，而且根据现在应用于工业上的不对称催化过程的生产效率看，它远高于发酵法。

基于对映选择性合成手性化合物的重要性日益增加，预计不久的将来作为绿色化学未来重要发展方向之一的不对称催化合成将有突飞猛进的发展。

第二节　酶催化和生物降解

迅速发展的生物技术领域在酶催化反应方面提供了很多的机遇[1]。目前，遗传工程处理的微生物在合成用于人类治疗的稀少而有效的肽方面的作用已经确立。同样的分子生物技术还能用来加强工业过程催化剂使用的酶的性能，这同传统催化技术是非常类似的。酶和其他生物系统在温和的温度、压力和 pH 值条件下，在稀水溶液中能很好地发挥作用。这些系统催化的反应是典型的对环境友好的反应，因为生成的副产物或废物很少。通常，这些催化剂和由它们合成的材料是可生物降解的，因此不会长久地存在于环境中。这些反应是典型选择性的并有特别高的收率，而且酶能够催化单一反应器中的整个系列的反应，导致总收率的很大提高和高的位置特效性，以及大多数情况下 100% 的手性合成。整个细胞催化的酶催化技术的改良使用，用单种酶或复合酶催化的反应和化学合成对于新的催化技术的发展都是很重要的。

各种微生物体的全部细胞常常被用于从简单的起始物质催化合成复杂的分子。完整的微生物细胞作为生物合成催化剂利用了酶的独特特性：它们是由天然设计、在复杂合成或降解过程中同时起作用的。因为这个性质，整个细胞和微生物都能够当作催化整体，来实现复杂手性分子全部合成中的多步反应。采用遗传工程技术，国外从葡萄糖直接合成了 D – 生物素分子。生物素含有 3 个手性中心，目前的化学合成需要 13 ~ 14 个步骤，其收率很低。类似地，研究人员正在构组一种微生物体以便从葡萄糖直接催化合成维生素 C 的前身物，最后再经化学转化为维生素 C。从碳水化合物起始原料合成抗体时也应用了微生物体的完整细胞，这些细胞也用于某些类固醇的生物催化。许多具有复杂合成过程的特殊化学品能够通过完好的微生物体来最有效地生产，这些微生物是应用天然设计的一系列酶催化反应去同时工作的。

正如上一章列举的许多酶催化已用于工业生产过程，但这仅仅是开始，未来的发展前景更令人鼓舞。日本一家公司正在开发精细化学品合成的酶催化过程。他们想用此技术来合成谷氨酸单钠盐，L – 色氨酸和苯基丙氨酸。酶催化反应的立体定向性在聚合物合成中也已得到有效应用。ICI 公司开发了一种从苯合成聚苯的化学和酶的联合过程，如果采用其他方法制造这种产品，将是非常昂贵的。

酶的重组技术提供了生产单一生物体的前景，这种生物体含有能降解环境中有害废物的一组基因工程酶。酶重组会使微生物体降解成新的分子，并拓展了微生物体攻击合成有机化合物的能力。利用酶能自我再生、便宜制得、而又能在环境中常规条件下工作的特点，也许是现代科学为处理和降解有害废物所能涉及的最有效方法之一，这些废物包括人工合成的、在苛刻条件下稳定的有机化学品。某些酶的宽底物特性，为改善和保护环境提供了应用酶催化的可能。

第三节　分子氧的活化和高选择性氧化反应

据统计，全世界生产的主要化学品中50%以上是和选择氧化过程有关的。它包括碳氢化合物氧化成含氧化合物和含氧化合物的氧化转化。现在有机化学品的制造大多是以石油为原料，而石油烃分子又都是处于还原状态，因此通过氧化将它们转化为带有不同含氧基团的有机化合物在有机化学中占有重要的地位。然而氧化反应是有机反应中最难控制反应方向的，它们往往在生成主产物的同时，生成许多副产物，这使得氧化反应的选择性较低。加上至今不少氧化反应仍然采用的是化学计量的氧化剂，特别是含重金属的无机氧化物，反应完成后还有大量的残留物需要处理，它们对环境会造成严重污染。因此，发展新的高选择性氧化技术十分重要[2]。

绿色氧化过程应是采用无毒无害的催化剂，它应具有很高的氧化选择性，不产生或很少产生副产物，达到尽可能高的原子经济性。同时，对于氧化剂的要求是，它们参与反应后不应有氧化剂分解的残留有害物，因此最好的氧化剂是氧，其次是过氧化氢，其他氧化剂均不能满足此要求。纯氧作氧化剂是重要发展方向，它大大地减少了尾气排放量，从而减少了随尾气带入大气的挥发性有机物造成的污染。因此新发展的氧化催化剂应是在缓和条件下能活化分子氧，通过这种活泼的催化氧化物种，使反应物分子高选择性地转化为产物。模拟酶氧化的金属络合物和分子筛将成为氧化催化剂的主要研究对象，它们将在开拓清洁的氧化工艺中发挥重要作用。

第四节　清洁的能源

世界人口的持续增长，能源和食品问题将成为21世纪的主要难题。要解决清洁的能源问题，发展燃料电池是一条重要出路。现在燃料燃烧放出的化学能受热力学第二定律的限制，只有一部分(低于40%)被转化为电能，其余的能量则以种种不可避免的方式损耗了，如活动部件之间的摩擦消耗，作为废热从烟囱和冷却塔排放等等。而燃料电池直接将化学能转化为电能，没有任何机械和热的中间媒介。燃料电池的转化效率取决于不同用途，可高达90%。依靠这种高转化效率，以燃料电池技术为基础的发电厂，与普通发电厂相比将消耗较少的燃料，同时相应地减少了污染物的排放。美国化学家Lippard感慨地说，“20世纪化学的最大遗憾是没能研制出优良的燃料电池催化剂”[3]。燃料电池高转化效率的关键在于用催化剂来控制燃料与氧的反应，而此反应温度竟高达1000℃左右。因此要在如此高的温度下维持长期运转，还需要解决一些技术障碍，包括寻找在高温下催化剂不被破坏的方法，避免陶瓷结构的破裂和泄漏，设计在足够小的体积内能传导充足的氧离子的陶瓷材料等。Smalley等预言，在25年内这些问题将会得到解决，燃料电池将成为实用的器件，日常使用的经济能源，而不是大学化学课中的趣谈。